天津市陆源污染总量控制框架研究

韩庚辰　马明辉　霍传林　主编

U0351495

海洋出版社

2016年·北京

图书在版编目（CIP）数据

天津市陆源污染总量控制框架研究/韩庚辰，马明辉，霍传林主编. —北京：海洋出版社，2016.12

ISBN 978-7-5027-9651-8

Ⅰ.①天…　Ⅱ.①韩…　②马…　③霍…　Ⅲ.①海洋污染–总排污量控制–研究–天津　Ⅳ.①X55

中国版本图书馆 CIP 数据核字（2016）第 304006 号

责任编辑：张荣　安淼
责任印制：赵麟苏

海洋出版社　出版发行

http：//www.oceanpress.com.cn
北京市海淀区大慧寺路 8 号　邮编：100081
北京朝阳印刷厂有限责任公司印刷　新华书店发行所经销
2016 年 12 月第 1 版　2016 年 12 月北京第 1 次印刷
开本：787mm×1092mm　1/16　印张：5.75
字数：120 千字　定价：35.00 元
发行部：62132549　邮购部：68038093　总编室：62114335
海洋版图书印、装错误可随时退换

《天津市陆源污染总量控制框架研究》
编 委 会

前　言

天津市海域面积 2 146 km²，153.7 km 长的岸线上分布永定新河、海河、独流减河、青静黄排水渠、子牙新河和北排河六大河口和 36 个排污口，每年接受天津、河北、北京等广大区域输入的总氮达 18 553 t，总磷 874 t，单位长度岸线承载的污染压力达 126 t/km。"十五"期间以来天津市海洋环境质量持续恶化，"十二五"期间优良水域面积仅占 6.0%，劣四类严重污染海域达到 35.6%，水环境污染严重，海洋污染已成为天津市经济社会发展的主要制约因素和短板。

国家海洋局为落实《中华人民共和国海洋环境保护法》，于 2012 年将天津市列为海洋污染总量控制试点单位，探索建立总量控制制度，有效控制海洋污染，改善海洋环境。海洋污染总量控制是一项极为复杂的工作，涉及顶层设计及一系列制度体系的保障及陆海统筹协调机制的建立。为减少盲目性，增加可行性和可操作性，2013 年天津市海洋局资助了科技兴海项目——"天津市陆源入海污染物总量控制示范与管理机制研究"的专项研究，旨在全面评价海洋环境现状及变化趋势，以及在初步掌握陆源污染负荷、来源的基础上，制订切实可行的海洋水质管理控制目标，据此确定和分配陆源污染削减的总量，并在总结国内外经验的基础上设计海洋污染总量控制的管理措施框架，为天津市建立污染总量控制制度和制订污染物总量控制方案提供依据。

本书包括 5 个方面内容：一是研究方法介绍，给出海水环境评价、监测方案优化、生态修复适宜性评估等方法，以及三维水动力、污染物跨界输运、排污口空间布局优化等模型；二是海水环境质量状况，给出海水环境综合质量现状，"九五"期间以来海水环境的变化趋势及主要特征，以及海水富营养化及海洋功能区的水质达标现状；三是天津市海洋污染清单，给出天津市陆域及海域跨界污染通量，天津市陆源污染物产生及排放量，入海总氮、总磷的污染负荷及来源；四是陆源总氮、总磷削减与分配，给出天津市海水环境近期、中期及远期管理与改善目标，天津市六大入海河口的总磷、总氮允许排放量、削减量及各污染源削减量的分配；五是陆源入海污染总量削减对策措施，包括加强海洋生态修复与建设，开展入海排污口综合整治，实施面源污染削减与控制，制订海洋污染生态损害赔偿条例，准确评估污染减排和总量控制成效等五类措施。

　　本书得到天津市海洋局科技兴海项目——"天津市陆源入海污染物总量控制示范与管理机制研究"的资助，深表谢意。

　　由于作者水平有限，书中难免存在不妥之处，望广大读者给予批评指正。

作　者

2016 年 4 月于大连

目　录

第1章 研究方法

1.1 海水环境评价

选择无机氮、活性磷酸盐、化学需氧量、石油类、pH 值五项指标进行海水综合质量评价，依据《海水质量状况评价技术规程（试行）》方法开展海水综合质量及海水富营养化评价[1]。根据《天津市海洋功能区划（2011—2020 年）》，天津市所辖海域共划分为农渔业区、港口航运区、工业与城镇用海区、旅游休闲娱乐区、海洋保护区、特殊利用区、保留区 7 个类别的功能区（图 1-1）。

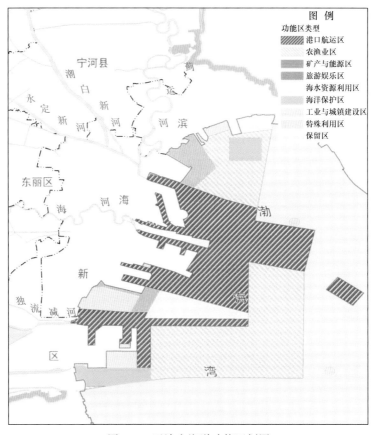

图 1-1 天津市海洋功能区划图

依据《全国海洋功能区划（2011—2020 年）》各级海洋功能区的分类及海洋环境保护要求为评价标准[2]。天津市上述 7 类海洋功能区的海水水质要求分别为：

农渔业区——不劣于第二类海水水质标准[3]；

港口航运区——不劣于第四类海水水质标准；

工业与城镇用海区——不劣于第三类海水水质标准；

旅游休闲娱乐区——不劣于第二类海水水质标准；

海洋保护区——不劣于第一类海水水质标准；

特殊利用区——不劣于现状；

保留区——不劣于现状。

海洋功能区水质达标状况评价采用地理信息系统空间分析技术，将海水综合水质等级分布结果与海洋功能区水质要求标准进行空间叠加，依据上述标准评估出海水综合水质达到海洋功能区水质要求标准的海域范围，并计算达标海域占全部海域的百分比。

1.2　水质目标可达性预测分析

预测前，对天津近岸海域空间进行栅格化，栅格单位为 $0.01° \times 0.01°$。选取天津海域主要污染物无机氮、活性磷酸盐及化学需氧量作为水质评价的基础指标，利用 IDW 插值模型对各年度上述指标的监测数据进行空间插值，从而实现栅格的浓度场赋值[4]。

根据各年浓度场的栅格数据构建线性回归方程：

对海区的水质稳定性进行预测，选取任意指标，对该指标数据进行一元线性回归分析，模型方程见式（1-1）：

$$Y = aX + b \tag{1-1}$$

式中，X 值为年限；Y 值为该指标含量；a 和 b 值利用最小二乘法确定。

$\tilde{Y}_i = aX_i + b\tilde{Y}_i$ 对于变量 Y 的实测值 $\{Y_i\}_i$ 和 X 的实测值 $\{X_i\}_i$，利用式（1-1）得 $Y = aX + b$。设 $aX + b$ 是 Y 的无偏估计，则是 Y_i 的期望值，且 Y_i 随着上下波动。假设 Y_i 的波动满足正态分布，即：

$$Y \sim N(aX + b, \ \sigma) \tag{1-2}$$

其中，σ 取随机变量 Y 方差的无偏估计：

$$\sigma = \sqrt{\frac{1}{n-2} \sum_{i=1}^{n} \left[Y_i - (aX_i + b) \right]^2} \tag{1-3}$$

根据式（1-3），对任意 X，与之对应的 Y 出现在某一区间 $[\alpha, \beta]$ 的概率 P 为：

$$P = \int_{\alpha}^{\beta} \frac{1}{\sqrt{2\pi}\sigma} e^{-\frac{(t-aX-b)^2}{2\sigma^2}} \mathrm{d}t \qquad (1-4)$$

由于监测指标的含量是大于等于零的，而常规的正态分布概率计算会包含小于零的那部分概率，因此需令大于零部分的整体概率为 1，则有 $d>Y>c$ 的概率为 P（$d>Y>c$）/P（$Y>0$）。所以，对于某项水质指标，可以根据式（1-5）预测该指标含量在区间 $[\alpha, \beta]$ 的发生概率 P。

$$P = \frac{\int_{\alpha}^{\beta} \frac{1}{\sqrt{2\pi}\sigma} e^{-\frac{(t-aX-b)^2}{2\sigma^2}} \mathrm{d}t}{\int_{0}^{+\infty} \frac{1}{\sqrt{2\pi}\sigma} e^{-\frac{(t-aX-b)^2}{2\sigma^2}} \mathrm{d}t} \qquad (1-5)$$

根据式（1-5），可以给出天津海域各栅格指标含量在区间 $[\alpha, \beta]$ 的发生概率。通过概率统计分析，可计算出给定比例面积海域的指标在区间 $[\alpha, \beta]$ 的发生概率。

1.3　污染负荷总量调查与评估

在国内污染负荷输出系数模型的基础上，借鉴国外常用流域污染负荷机理模型的思想、理论、框架，将天津市陆源污染物来源分为工业、城镇居民生活、农业化肥、畜禽养殖、农村居民生活、淡水养殖 6 类，将污染物从源头到入海分为污染物的产生、排放和入海 3 个阶段，建立了天津市陆源氮磷入海污染负荷的计算方法[5-11]。

氮磷入海污染负荷评估的基准年为 2013 年，评估的污染物为总氮、总磷。利用收集的数据资料，基于输出系数法估算出 2013 年天津市陆源氮磷污染物的产生量、排放量。利用现场调查的水质数据、河流断面逐日流量数据，估算出天津市入境河流氮磷污染负荷；根据物质守恒定律，在计算流域水文的基础上，采用经验模型估算各子流域氮、磷的滞留系数，进而估算出天津市陆源氮、磷污染物的入海量；最后，利用实测的入海氮磷污染负荷对模型估算结果进行验证。具体研究技术路线如图 1-2 所示。

1.3.1　入境河流污染负荷量

根据地域的实际情况，天津市河流流量、水质变化相对稳定，监测时所获得的瞬时污染物浓度数据可代表时段污染物排放浓度。基于水质调查结果，在对天津市入境河流水质变化特征分析的基础上，结合天津市主要入境河流的逐日流量数据，利用式（1-6）计算天津市入境河流的污染负荷量。

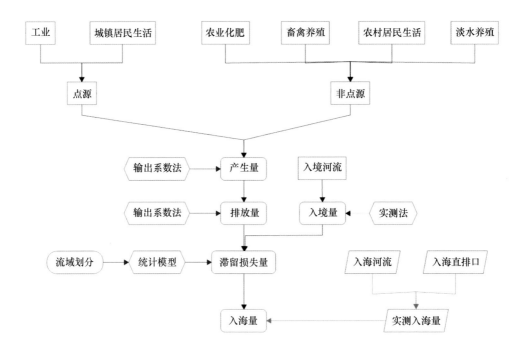

图 1-2　天津市陆源氮磷入海负荷研究技术路线

$$Load = K\left(\sum_{i=1}^{n} \frac{c_i}{n}\right)\overline{Q_r} = K \cdot \bar{c} \cdot \overline{Q_r} \qquad (1-6)$$

其中，K 为与估算时间和计量单位有关的换算系数；n 为样品数量；c_i 为瞬时浓度；$\overline{Q_r}$ 为负荷估算时段内的平均流量。

1.3.2　陆源产生量估算

（1）工业：应用式（1-7），由工业污水氮磷的排放量反推出氮磷的产生量。工业污水处理率取 98%、污水中氮去除率 75%、磷去除率 85%。

工业污水氮磷产生量（t）=工业污水氮磷排放量/［（1-工业污水处理率）+工业污水处理率×（1-污水中氮磷的去除率）］ （1-7）

（2）城镇居民生活：城镇居民生活源涵盖了居民家庭生活以及住宿餐饮业、居民服务和其他服务业、医院等第三产业两大范畴，氮磷产生量按式（1-8）估算，产物系数来自于《全国污染源普查城镇生活污染源排污系数手册》[12]。

城镇居民生活氮磷产生量（t）= 365×城镇常住人口数量（万人）×氮磷产污系数（g/人・天）×10^{-2} （1-8）

（3）农业化肥：本研究中，认为农业化肥氮磷的施用量即为产生量，氮磷产生量按照式（1-9）、式（1-10）计算。

$$农业化肥氮产生量（t）= 氮肥施用量+复合肥施用量×0.33 \qquad (1-9)$$

$$农业化肥磷产生量（t）=（磷肥施用量+复合肥施用量×0.33）×43.66\%$$

$$(1-10)$$

（4）畜禽养殖：畜禽养殖氮磷产生量估算模型见式（1-11），氮磷日产污系数来自《第一次全国污染源普查畜禽养殖业源产排污系数手册》[13]，在估算年产污系数时，考虑了畜禽养殖周期、饲养阶段结构比对年产污系数的影响。

$$畜禽养殖氮磷产生量（t）= 畜禽年出栏（或存栏）量（万只/年）×畜禽氮磷产污系数（kg/只·年）×10 \qquad (1-11)$$

（5）农村居民生活：农村居民生活非点源分为生活垃圾、生活污水、人粪尿三部分，氮磷产生总量即为这三部分之和，估算公式见式（1-12～1-14）。参考相关文献，天津市农村人均日用水量 95 L/（人·天）、污水产生系数 0.3，生活污水中总氮浓度 34.21 mg/L、总磷浓度 4.88 mg/L；垃圾产生系数 0.28 kg/（人·天）、垃圾中总氮含量 27.85 g/kg、总磷含量 11.7 g/kg；人粪尿氮产生系数 3.06 kg/（人·年）、人粪尿磷产生系数 0.52 kg/（人·年）[14-21]。

$$农村生活污水氮磷产生量（t）= 365×农村常住人口数量（万人）×农村生活人均用水量［L/（人·天）］×农村生活污水产生系数×污水中氮磷污染物浓度（mg/L）×10^{-5}$$

$$(1-12)$$

$$农村生活垃圾氮磷产生量（t）= 365×农村常住人口数量（万人）×人均垃圾产生系数［kg/（人·天）］×垃圾中氮磷含量（g/kg）×10^{-2} \qquad (1-13)$$

$$农村人粪尿氮磷产生量（t）= 农村常住人口数量（万人）×人粪尿氮磷产生系数［kg/（人·年）］×10 \qquad (1-14)$$

（6）淡水养殖：水产养殖过程中氮磷产生量用式（1-15）估算，氮磷产污系数来自于《第一次全国污染源普查水产养殖业污染源产排污系数手册》中池塘养殖方式对应的产污系数[22]，系数不含底泥沉降部分。

$$淡水养殖氮磷产生量（t）= 养殖增产量（t）×氮磷产污系数（g/kg）×10^{-3}$$

$$(1-15)$$

1.3.3　陆源排放量估算

（1）工业：利用 2007 年"全国第一次污染普查"天津工业企业氮磷污染物排放数据及用排水普查数据、天津统计年鉴中的工业生产总值数据，采用弹性系数模型式（1-16）

估算 2013 年工业氮磷排放量：

$$TN_{ind} = TN_{ind0} \cdot (1 + \varepsilon\beta)^{(\tau-\tau_0)} \tag{1-16}$$

式中，TN_{ind}、TN_{ind0} 分别为估算基准年和参照年工业氨氮排放量；β 为工业生产总值的年增长率；ε 为弹性系数，综合考虑弹性系数取值因素，ε 取 0.1。

（2）城镇居民生活：城镇居民生活污水氮磷产生量扣减经化粪池、污水处理厂处理生活污水的去除量，即为城镇居民生活氮磷排放量，可通过式 1-17 估算。

城镇居民生活氮磷排放量（t）= 365×城镇常住人口数量（万人）×产污系数［g/（人·天）］× ｛城镇居民生活污水处理率×［0.1×（1-化粪池氮磷去除率）×（1-污水处理厂氮磷去除率）+0.9×（1-污水处理厂氮磷去除率）］+（1-城镇居民生活污水处理率）×流失系数｝×10^{-2} (1-17)

式中，0.1、0.9 分别为通过化粪池+污水处理厂排放方式连接的人口比例、直接通过污水处理厂排放方式连接的人口比例；2013 年，天津市污水处理率为 90%[23]，未经污水处理厂处理的生活污水氮磷流失系数取 0.6；参考《第一次全国污染源普查城镇生活源产排污系数手册》《城镇污水处理厂污染物排放标准》，天津市化粪池氮的去除率市辖区为 15.4%、市辖县为 15.2%，磷的去除率市辖区为 14.7%、市辖县为 15.2%，污水处理厂氮的去除率市辖区为 78.7%、市辖县为 76.8%，磷的去除率市辖区为 84.7%、市辖县为 84.2%。

（3）农业化肥：施入农田中的氮肥和磷肥，在降水、灌溉条件下通过农田径流和淋洗的方式流失到地表水体；氮肥的流失还应考虑 NH_3 的挥发，氨挥发进入大气后，其中一部分通过干湿沉降又返回地表水体。其排放量估算见式（1-18）。

农业化肥氮磷排放量（t）= 折纯后的氮磷肥施用量（t）×肥料氮磷素流失率

$$\tag{1-18}$$

农业化肥氮磷素流失率参照《第一次全国污染源普查农业污染源肥料流失系数手册》中"黄淮海半湿润平原区模式 21-25"估算，但未扣除"对照处理氮磷流失量"。只考虑淋溶和挥发两部分，氮流失率取 0.4%、磷流失率取 0.1%。最终估算出地表径流、淋溶、氨挥发三部分氮磷肥的流失率。

（4）畜禽养殖：畜禽养殖氮磷的排放量包括养殖过程中氮磷随养殖污水排入到沟渠及养殖粪便在储存及处理过程中随降水进入到地表径流中、收集的固体粪便在用作肥料还田后，有一部分不可避免地会自农田流失进入地表水体。其估算见式（1-19）。

畜禽养殖氮磷排放量（t）= 畜禽年出栏量（万只/年）× ｛畜禽氮磷排污系数（kg/只·年）×畜禽排污氮磷流失率+（畜禽氮磷产污系数-畜禽氮磷排污系数）×粪便还田率×粪便还田流失率｝×10 (1-19)

畜禽氮磷排污系数来自《第一次全国污染源普查畜禽养殖业源产排污系数手册》，畜禽排污氮磷流失率是指畜禽养殖排放到水体中氮磷量与排放到环境中氮磷量的比值。参考相关资料[24~27]，天津市禽畜养殖排污氮磷流失率取 40%，粪便还田率取 40%，还田粪便流失率氮取 2%、磷取 1%。

（5）农村居民生活：农村居民生活垃圾、生活污水、人粪尿氮磷排放量估算见式（1-20~1-22）。

农村居民生活污水氮磷排放量（t）= 生活污水氮磷产生量（t）×生活污水流失系数

$$(1-20)$$

村居民生活垃圾氮磷排放量（t）= 365×人口数量（万人）×垃圾产生系数［kg/（人·天）］×生活垃圾流失系数×堆存垃圾氮磷释放负荷（g/kg） $(1-21)$

农村居民粪尿氮磷排放量（t）= 人粪尿氮磷产生量（t）×人粪尿流失系数 $(1-22)$

结合天津市农村生活垃圾、污水处理现状及前人研究成果[18、19、28]，天津市生活污水流失系数 80%、生活垃圾流失系数 0.25、堆存垃圾氮释放负荷 14 g/kg、磷释放负荷 2.8 g/kg、人粪尿流失系数 3.5%。

（6）淡水养殖：淡水养殖氮磷排放量估算模型见式（1-23），排污系数取《第一次全国污染源普查水产养殖业污染源产排污系数手册》中池塘养殖方式对应的排污系数。

水产养殖氮磷排放量（t）= 养殖增产量（t）×氮磷排污系数（g/kg）×10^{-3}

$$(1-23)$$

1.3.4 陆源入海量评估

1.3.4.1 子流域的划分

应用 ArcMap 的拓展模块 Arc Hydro tools 软件，首先对天津 ASTER GDEM 数据进行洼地填平，为了使自动提取的河网与实际河网相吻合，利用收集到的天津主要河流矢量数据对填洼后的 DEM 数据进行"burn-in"处理，再进行流向及汇流能力计算，从而提取出天津河网和流域边界。由于天津地处平原，河网地区河道纵横交错，而且会有河道分叉或呈网状的现象。因此，结合天津流域水流实际情况，手动对流域划分结果进行了微调，最终将天津划分为 6 个流域、32 个子流域（见表 1-1，图 1-3）。

1.3.4.2 滞留系数的估算

污染物从陆地地表径流向海洋输移过程中，由于受到复杂的物理、化学及生物作用的

表1-1　天津市流域划分结果

流域名称	子流域名称	二级子流域编号	二级子流域名称
北四河流域	蓟运河	1001	于桥水库
		1002	
		1003	
		1004	
		1015	
	潮白新河	1005	
		1006	
	北运河	1007	
		1009	
	永定新河	1008	
		1010	
		1011	
		1012	
		1013	
		1014	
海河流域	子牙河	2001	
	南运河	4002	
	海河	3001	
		3002	
		3003	
		3004	
		3005	
		3006	
独流减河流域	大清河	2002	
	黑龙港运河	4001	
	独流减河	2003	团泊洼水库
		2004	
		2006	北大港水库
青静黄流域		2005	
		2007	
子牙新河流域		5001	
北排河流域		6001	

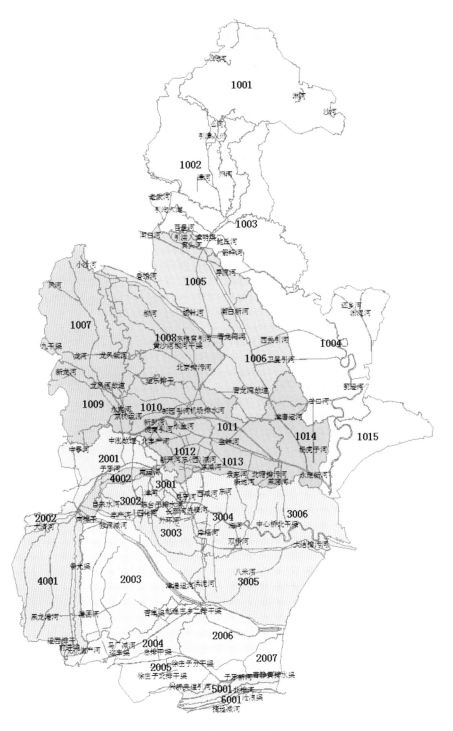

图 1-3　天津市子流域分布图

影响，将有一部分滞留在汇水系统中或通过反硝化作用损失于汇水系统中[29,30]。根据物质守恒定律，流域中氮磷营养盐的滞留量（R）等于流域营养盐的排放量（D）减去流域出口处营养盐的负荷量（L），即 $R=D-L$，通过公式转换得：

$$\frac{R}{D} = 1 - \frac{1}{1+R/L} \qquad\qquad (1-24)$$

其中：

$$R/L = aHL^b \qquad\qquad (1-25)$$

HL 为水力负荷，表示单位时间内通过单位面积的水体体积：

$$HL = Q/WSA \qquad\qquad (1-26)$$

$$WSA = A_{L,R} + 0.001 \cdot A^{1.185} \qquad\qquad (1-27)$$

式中，a、b 为模型系数；Q 为河流年平均径流量，根据流域水量平衡原理，利用三水源新安江水文模型求得；WSA 为子流域水面积；$A_{L,R}$ 为水库、湖泊的面积；A 为子流域面积。应用式（1-24~1-27）估算出天津市 32 个子流域河流系统中氮磷营养盐的滞留与损失系数（R/D）。

1.3.4.3　氮磷入海量的估算及验证

流域滞留是由陆面滞留和河道水库滞留叠加而成，将每个子流域的滞留系数分解为陆面滞留系数、河道水库滞留系数；然后根据流域汇流关系计算出入境污染物、点源污染物、面源污染物的入海系数；入境污染物、点源污染物、面源污染物的排放量乘以各自对应的入海系数，即得到入境污染物、点源污染物、面源污染物的入海量。

利用现场调查的水质数据、河流断面逐日流量数据，估算出天津市入海河流氮磷污染负荷；利用入海直排口现场调查水质数据和统计数据，估算出入海直排口氮磷污染负荷。最后，利用实测入海负荷对模型估算结果进行验证，二者吻合性较好。

1.4　三维水动力模型

天津海域水动力模型以 ROMS（Regional Ocean Modeling System）模型为基础[31]，进行天津海域属地化的二次研发应用，构建天津海域的三维水动力模型。ROMS 是三维自由表面非线性原始方程近海区域模式[32,33,34]，在垂向采用静压近似和布辛涅斯克假定，求解自由表面下雷诺平均的纳维尔·斯托克斯方程。ROMS 在水平方向上采用正交曲线（Arakawa C）网格，垂向采用跟随地形和自由表面的可伸缩坐标系统（Sigma 坐标系），并针对不同的情况提供多种转换函数和拉伸函数来调节垂向层级的疏密分配。曲线坐标系下 ROMS 控制方程为：

$$\frac{\partial}{\partial t}\left(\frac{H_z u}{mn}\right) + \frac{\partial}{\partial \xi}\left(\frac{H_z u^2}{n}\right) + \frac{\partial}{\partial \eta}\left(\frac{H_z uv}{m}\right) + \frac{\partial}{\partial s}\left(\frac{H_z u\Omega}{mn}\right) - \left\{\left(\frac{f}{mn}\right) + v\frac{\partial}{\partial \xi}\left(\frac{1}{n}\right) - u\frac{\partial}{\partial \eta}\left(\frac{1}{m}\right)\right\}H_z v =$$

$$-\left(\frac{H_z}{n}\right)\left(\frac{\partial \o}{\partial \xi} + \frac{g\rho}{\rho_0}\frac{\partial z}{\partial \xi} + g\frac{\partial \zeta}{\partial \xi}\right) + \frac{1}{mn}\frac{\partial}{\partial s}\left[\frac{(K_m + \gamma)}{H_z}\frac{\partial u}{\partial s}\right] + \frac{H_z}{mn}(F_u + D_u) \qquad (1-28)$$

$$\frac{\partial}{\partial t}\left(\frac{H_z v}{mn}\right) + \frac{\partial}{\partial \xi}\left(\frac{H_z uv}{n}\right) + \frac{\partial}{\partial \eta}\left(\frac{H_z v^2}{m}\right) + \frac{\partial}{\partial s}\left(\frac{H_z v\Omega}{mn}\right) + \left\{\left(\frac{f}{mn}\right) + v\frac{\partial}{\partial \xi}\left(\frac{1}{n}\right) - u\frac{\partial}{\partial \eta}\left(\frac{1}{m}\right)\right\}H_z u =$$

$$-\left(\frac{H_z}{m}\right)\left(\frac{\partial \o}{\partial \eta} + \frac{g\rho}{\rho_0}\frac{\partial z}{\partial \eta} + g\frac{\partial \zeta}{\partial \eta}\right) + \frac{1}{mn}\frac{\partial}{\partial s}\left[\frac{(K_m + \gamma)}{H_z}\frac{\partial v}{\partial s}\right] + \frac{H_z}{mn}(F_v + D_v) \qquad (1-29)$$

$$\frac{\partial}{\partial t}\left(\frac{H_z C}{mn}\right) + \frac{\partial}{\partial \xi}\left(\frac{H_z uC}{n}\right) + \frac{\partial}{\partial \eta}\left(\frac{H_z vC}{m}\right) + \frac{\partial}{\partial s}\left(\frac{H_z \Omega C}{mn}\right) = \frac{1}{mn}\frac{\partial}{\partial s}\left[\frac{(K_m + \gamma)}{H_z}\frac{\partial C}{\partial s}\right]$$

$$+ \frac{H_z}{mn}(F_C + D_C) \qquad (1-30)$$

$$\rho = \rho(T,\ S,\ P) \qquad (1-31)$$

$$\frac{\partial \phi}{\partial s} = -\left(\frac{g H_z \rho}{\rho_0}\right)\frac{\partial}{\partial t}\left(\frac{H_z}{mn}\right) + \frac{\partial}{\partial \xi}\left(\frac{H_z u}{n}\right) + \frac{\partial}{\partial \eta}\left(\frac{H_z v}{m}\right) + \frac{\partial}{\partial s}\left(\frac{H_z \Omega}{mn}\right) = 0 \qquad (1-32)$$

式中，$\phi = \dfrac{P}{\rho_0}$，P 为总压，ρ_0 为海水密度；u、v 和 w 分别为速度 $\vec{v}$ 在 x、y 和 z 方向的分量；f 为科氏参量；采用参数化的雷诺应力和湍流通量来闭合方程 K_m 为垂向涡动黏性系数，K_c 为垂向扩散系数；m、n 为坐标变换参量。

　　为了更好地了解天津及邻近海域的水动力状况及相关关系，模型选择整个渤海湾作为模拟区域。模型岸线和水深地形数据来自于 2014 年 5 月止的最新版海图。模型网格采用曲线正交网格，分辨率为 450~600 m。模拟区域的地形和网格设置见图 1-4。

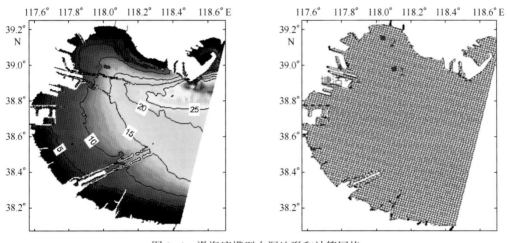

图 1-4　渤海湾模型水深地形和计算网格

1.4.1 边界条件

模型东边界为开边界，其他均为闭边界。模型的边界条件设置如下。

1.4.1.1 运动学边界条件

在 σ 坐标下，表层和底层的运动学边界条件分别为：

$$\Omega\big|_{s=0} = 0 \tag{1-33}$$

$$\Omega\big|_{s=-1} = 0 \tag{1-34}$$

1.4.1.2 底边界条件

在底床上，动量方程的边界条件为：

$$\left(\frac{K_m}{H_z}\right)\frac{\partial u}{\partial s} = \tau_b^{\xi}(\xi,\ \eta,\ t) \tag{1-35}$$

$$\left(\frac{K_m}{H_z}\right)\frac{\partial v}{\partial s} = \tau_b^{\eta}(\xi,\ \eta,\ t) \tag{1-36}$$

其中，τ_b^{ξ}、τ_b^{η} 为底面切应力，

$$\tau_b^{\xi} = (\gamma_1 + \gamma_2\sqrt{u^2+v^2})u \tag{1-37}$$

$$\tau_b^{\eta} = (\gamma_1 + \gamma_2\sqrt{u^2+v^2})v \tag{1-38}$$

式中，γ_1，γ_2 为拖曳系数。在本研究中 γ_1 取 0 值。

温盐对流扩散方程的底边界条件为：

$$K_c\frac{\partial C}{\partial s} = 0 \tag{1-39}$$

底面温度和盐度通量取 0。

1.4.1.3 表面边界条件

在海面，动量方程的边界条件为：

$$\left(\frac{K_m}{H_z}\right)\frac{\partial u}{\partial s} = \tau_s^{\xi}(\xi,\ \eta,\ t) \tag{1-40}$$

$$\left(\frac{K_m}{H_z}\right)\frac{\partial v}{\partial s} = \tau_s^{\eta}(\xi,\ \eta,\ t) \tag{1-41}$$

其中，τ_s^{ξ}、τ_s^{η} 为表面风应力，数据来自 NCEP Climate Forcast System 资料集，时间间隔为 1 h，原始数据空间分辨率约为 0.204°，足以满足渤海湾数值模拟的需求。

Q_c 为通量，温盐对流扩散方程的底边界条件为：

$$K_C \frac{\partial C}{\partial s} = \frac{Q_c}{\rho_0 cp} \qquad (1\text{-}42)$$

1.4.1.4　开边界条件

开边界选取了 6 个主要分潮（M2、S2、K1、O1、N2、Q1）的合成水位作为开边界条件，潮汐调和常数由国家海洋环境监测中心渤海大区三维水动力模型提供。

1.4.2　初始条件

模型初始场包括水位、流场、温度场和盐度场。考虑到水位和流速在模型运行过程中会迅速调整，因此初始条件中水位和流速均设置为 0；而温度和盐度的初始场取自《渤海、黄海、东海海洋图集（水文分册）》中对应月份的气候态月平均的温度和盐度场。

1.4.3　模型验证

为了验证天津海域三维水动力模型模拟结果的可靠性，将模拟结果与海域内水动力实测数据进行了比对分析，水动力实测站位分布见图 1-4，其中潮汐水位测站一个（塘沽水文站），潮流对比测站两个（1、2 号站）。

图 1-5 为模拟潮汐水位与塘沽水文站潮汐预报点的潮汐水位资料比对图，比对时段为 2014 年 4 月 30 日—5 月 14 日，共 15 天。总体上模拟与预报的潮位振幅差别很小，位相几乎完全一致，表明本模型在潮位模拟上是可信的。

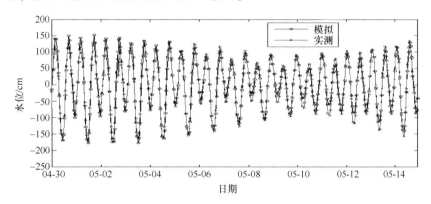

图 1-5　2014 年模拟水位与塘沽潮汐预报点水位数据比对图

图 1-6 和图 1-7 分别为 1、2 号站位模拟海流与实测海流数据比对图。模型模拟的海流结果反映出了天津海域的半日潮流特征，较为准确地模拟出了海域不同季节、不同潮期的最大流速、转流时间和流向等关键要素特征，流速、流向吻合较好，说明本模型可以较好地模拟再现该海域的流场状况。

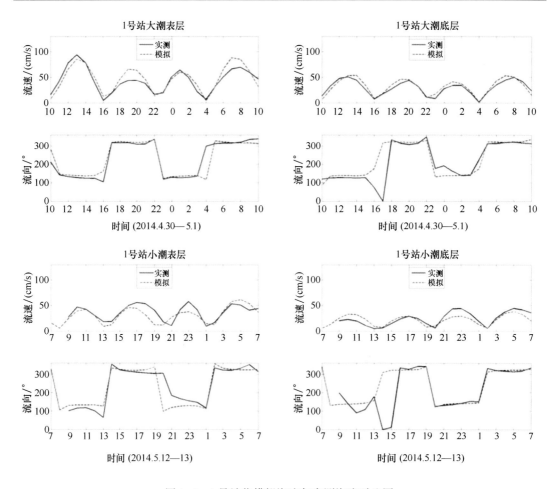

图 1-6　1 号站位模拟海流与实测海流对比图

1.5　污染物跨界输运模型

在三维水动力潮流场模拟的基础上进行污染物跨界输运模型建立。物质通量指一段时间内通过某断面的物质总量,断面物质输运通量计算公式为:

$$F = \sum_{k=1}^{K} \sum_{j=1}^{n} \sum_{i=1}^{m} h_{ijk} \cdot l_j \cdot C_{ijk} \cdot U_{ijk} \cdot t_k \tag{1-43}$$

其中,F 为时间 T 内的断面物质通量(g),方向指向断面法线方向;C 为物质浓度(g/m³);U 为断面法线方向流速(m/s)。

考虑到浓度和流速随时间变化,将时间 T(s)划分为 K 段,并假设在 t_k 时间内浓度和流速不变。将断面划分为 $m×n$ 个网格,每个网格宽度为 l(m),厚度为 h(m)。因此,

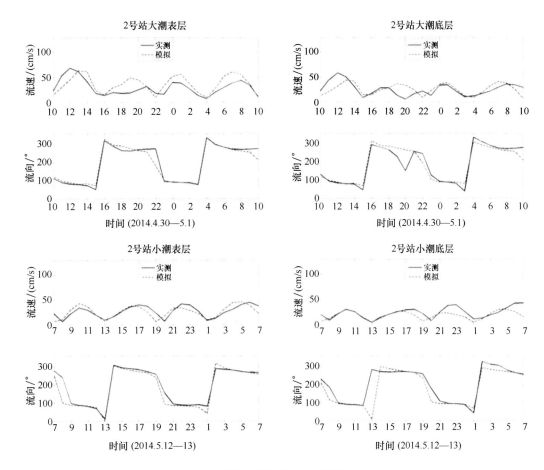

图 1-7　2 号站位模拟海流与实测海流对比图

计算物质输运通量最关键的两项要素就是断面每个网格点上的法向流速 U_{ijk} 和物质浓度 C_{ijk}。

为了获取计算物质通量所必需的法向流速 U_{ijk} 和物质浓度 C_{ijk}，需将经过实测数据校验的海流模拟数据和海上补充调查获取的水质数据在海域边界断面上进行网格化插补。对于法向流速 U_{ijk} 的计算，是将模拟计算得到的海流数据插值到海域边界断面网格点上，将法向流速做整月求和，便得到天津管辖海域边界断面上各月份的余流分布状况。对于物质浓度 C_{ijk}，将所获取的各月份水质数据插补到海域边界断面对应网格点上。

1.6　水质目标下允许排放量计算模型

以溶解态物质作为海洋中的污染物示踪剂，建立对流-扩散模型，模拟物质在海水中的运动和扩散状况。模拟所得结果在物理上与污染物在实际海洋中的输运状况最为接近。

物质输移扩散方程为：

$$\frac{\partial C}{\partial t} + u\frac{\partial C}{\partial x} + v\frac{\partial C}{\partial y} = \frac{\partial}{\partial x}\left(\varepsilon_x\frac{\partial C}{\partial x}\right) + \frac{\partial}{\partial y}\left(\varepsilon_y\frac{\partial C}{\partial y}\right) + M_c + S_c \tag{1-44}$$

其中，t 为时间；x、y 为空间坐标；ε_x、ε_y 为物质扩散系数；C 为物质浓度；M 为由物质降解所引起的耗散项，应根据不同物质在不同海域的降解特征来确定；S 为物质源项。

在流速已知的情况下，污染物对流扩散方程可近似为线性，满足叠加原理[35]。所有污染源共同排放所形成的总浓度场可以看成是由各个污染源单独排放所形成浓度场的线性叠加。设 C_i 为第 i 个污染源在排放量为 Q_i 时形成的浓度场，则 n 个污染源同时存在时所形成的浓度场 C 为：

$$C(x, y, t) = \sum_{i=1}^{n} C_i \tag{1-45}$$

同时，排放量为 Q_i 的某一排污口形成的浓度场可视为若干个单位源强线性叠加的结果，即：

$$C_i = P_i \times Q_i \tag{1-46}$$

式中，P_i 为单位源强 $Q_i = 1\,\mathrm{g/s}$ 所形成的响应浓度场，即响应系数。它反映的是某海域水质对某个入海污染源的响应关系。由于地形和潮汐的影响，响应系数是随空间变化的。

因此对于每个水质控制点，每个入海污染源均对应一个响应系数：

$$P_i = \frac{C_i}{Q_i} \tag{1-47}$$

最优化法估算允许排污量的基本思想为：在选定的一组水质控制点的污染物浓度不超过各自的环境标准的前提下，使各排污口的排放量之和达最大值，即：

目标函数：$\max \sum_{i=1}^{n} Q_i$

约束条件：

$$C_{0j} + \sum_{i=1}^{n} P_{ij} Q_i \leqslant C_{sj} (j = 1, \cdots, m) \tag{1-48}$$

$$Q_i \geqslant Q_{0i} (i = 1, \cdots, n) \tag{1-49}$$

式中，i 为入海污染源编号；n 为排污源数目；j 为水质控制点编号；m 为水质控制点数目；Q_i 为第 i 个排污源的排放量；C_{0j} 为第 j 个水质控制点的背景场浓度，其反映了在没有排污的状态下海域本身所具有的污染物背景值，通常选取本区域临近的外海浓度作为背景场浓度；P_{ij} 为第 i 个入海污染源单位排放量对第 j 个水质控制点的浓度响应系数；C_{sj} 为第 j 个水质控制点处的水质管理目标浓度值；Q_{0i} 为第 i 个排污源的最小排放量，可根据经济社会发展要求和管理需求设定。

1.7 排污口空间布局优化模型

采用粒子追踪法对直排口邻近海域的水交换能力进行分区评价，拉格朗日粒子追踪方法通过如下方程（见式 1-50）进行粒子轨迹的求解：

$$\frac{d\vec{X}}{dt} = \vec{U}(\vec{X}, t) + W_{vw}\hat{Z} \qquad (1-50)$$

粒子的位置 $\vec{X}(x, y, z)$ 通过平流速度 $\vec{U}(\vec{X}, t)$ 和垂向扩散改变，其中垂向扩散通过在模型的粒子垂向位置 $\hat{Z}$ 处加入一个随机的垂向位移 W_{vw} 给定[36,37]。

根据入海直排口的地理分布及邻近海域水体输运状况，将空间位置相邻较近，对区域水质影响具有累加效应的直排口划分为同一个分区。分区外缘线取自岸线向海延伸 5 km，每个分区分别作为所含直排口邻近海域的水交换能力的评价范围。在各分区内均匀释放保守粒子，考察保守粒子在水动力作用下的运移状况。以粒子半交换时间来表征直排口邻近海域水交换能力，定义初始位于某分区的粒子其 50% 在水动力作用下输运至分区外海域所用的时间为该分区的粒子半交换时间。

将天津海域各分区的粒子半交换时间从短到长排列，按照每 25% 累积率来划分，将天津沿岸海域的水交换能力划分为 4 个等级，分别为强、较强、较弱、弱。各分区水交换能力等级评判方法见表 1-2。

表 1-2 天津海域各分区水交换能力评判方法

水交换能力评判指标	评判标准	评判等级	赋分值
粒子半交换时间 $T_{1/2}$ （从短到长排列）	累积率≤25%	强	4
	25%<累积率≤50%	较强	3
	50%<累积率≤75%	较弱	2
	累积率>75%	弱	1

在考虑排污口布局优化时，不仅考虑了排污口邻近海域的水交换能力，同时考虑了污染物入海后对邻近敏感海洋功能区的影响状况。本报告以各分区粒子于不同时段输运至各敏感海洋功能区（根据《天津市海洋功能区划（2011—2020 年）》中水质目标高于二类海水水质标准定义敏感功能区）的粒子比例来表征直排口排污对其造成的影响程度。各分区对敏感海洋功能区的影响状况用 60 天平均的粒子比例来表征，按照每 25% 的比例间隔来划分，将各分区对敏感海洋功能区的影响状况分为四个等级，分别为小、较小、较大、大。各分区对敏感海洋功能区的影响等级评判方法见表 1-3。

表 1-3　天津海域各分区对敏感海洋功能区的影响等级评判方法

对敏感功能区影响评判指标	评判标准	评判等级	赋分值
所含粒子比例 P	$P \leqslant 25\%$	小	4
	$25\% < P \leqslant 50\%$	较小	3
	$50\% < P \leqslant 75\%$	较大	2
	$P > 75\%$	大	1

综合各分区的水交换能力等级和对敏感海洋功能区的影响等级评判结果，对天津沿岸海域直排口空间布局适宜性进行评判，评判标准见表 1-4。

表 1-4　天津沿岸海域各分区排污适宜性评判标准

排污适宜性评判指标	评判标准	排污适宜性等级
综合评分 S＝水交换能力等级分值+对敏感功能区影响等级分值	水交换能力等级为"弱"；或直接排入海洋保护区；或 S ≤ 3	不适宜
	3<S<7	较适宜
	S≥7	适宜

1.8　海洋生态污染损害赔偿等级划分

海洋生态损害等级通过海洋环境容量指数、重要海洋生态功能区、海洋生物资源和海洋扩散能力指数四类指标进行综合叠加，依据各指标的权重系数进行加权计算，计算公式如下：

$$F = \sum_{i=1}^{n} F_i \times G_i \qquad (1-51)$$

式中，F_i 为各类指标等级赋值，不同类别指标赋值标准见表 1-5；G_i 为该类海洋生态环境损害权重，其中环境容量等级权重系数为 0.25，重要生态功能区等级权重系数为 0.3，生物资源等级权重系数为 0.3，海洋扩散能力等级权重系数为 0.15（见表 1-6）。

表 1-5　海洋生态损害等级划分标准与赋值

等级划分依据	赋分值	区域比例
$F > 9.5$	4	19%
$9.5 \geqslant F > 7.8$	3	34%
$7.8 \geqslant F > 6.9$	2	25%
$F \leqslant 6.9$	1	22%

表 1-6　评估指标及赋值标准

环境容量指数 *	重要生态区域	污染物扩散能力指数 **	渔业资源						赋值
			底栖生物量（g/m²）	权重系数	鱼卵密度（个/m³）	权重系数	鱼卵密度（个/m³）	权重系数	
$H_y>10$	农渔业区	$H_k>0.1$	≤20		≤0.75		≤1		1
$10≥H_y>6$	旅游休闲区	$0.1≥H_k>0.05$	>20 且 ≤45	0.3	>0.75 且 ≤1.5	0.35	>1 且 ≤1.5	0.35	2
$6≥H_y>3$	重要河口产卵区	$0.05≥H_k>0.02$	>45 且 ≤90		>1.5 且 ≤8		>1.5 且 ≤1.9		3
$H_y≤3$	自然保护区	$H_k≤0.02$	>90		>8		>1.9		4

注：* 为 $H_y=\sum_{i=1}^{n}E_s/E_g \times H_s$ $E_s=\begin{cases} E_i-E_g & (E_i>E_g) \\ 0 & (E_i≤E_g) \end{cases}$ 式中：H_y 为海水环境容量指数；E_i 为第 i 类海水主要污染要素水质等级，天津市海域主要污染物包括无机氮、磷酸盐和石油类；E_g 为海洋功能区海水水质要求的海水等级；H_s 为海水深度。

** 为 $H_k=V_s \times H_s$。式中：H_k 为污染物扩散指数；V_s 为天津海域全年平均流速模拟值；H_s 为海水深度。

1.9　海水环境监测方案优化

海水水质监测方案设计与优化方法主要包含监测站位、频率的设计优化内容。

1.9.1　监测站位优化

监测站位优化的技术路线见图 1-8，优化的关键过程包括区域层次划分、站位合理性评估及站位空间位置的优化与布设等。

1.9.1.1　区域层次划分

对水质监测数据进行梳理，利用空间插值方法给出适于海域水质污染空间分布的评价模型，对历年的海域水质状况进行评价；利用回归分析对水质变化趋势进行预测，实现海区水质稳定性的划分：低稳定区、中稳定区和高稳定区[38]。

1.9.1.2　现有站位评估

根据站位监测的历史连续性、在水质评价中的贡献及所在区域的代表性，对站位进行评价，给出站位重要性的排序，实现站位的删减。通过对剩余站位在水质评价中起到作用的大小及是否具有一定的区域代表性进行评价。若具有区域代表性，则视为重要站位；若无，则根据站位对水质评价作用大小排序，最终确定空间分布不合理站位。

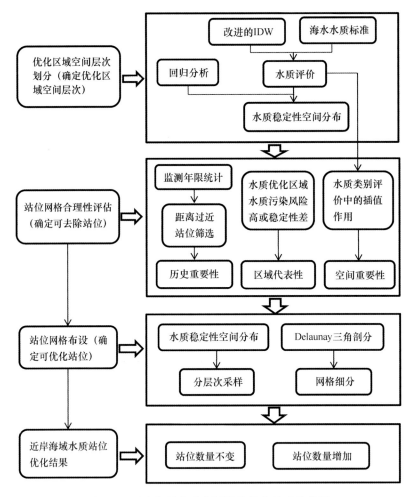

图1-8　近岸海域水质监测站位优化技术路线图

1.9.1.3　站位优化与布设

在通过站位评估得以保留的站位基础上增添站位，站位布设方法采用分层次网格式布站。通过 Delaunay 三角剖分给出站位之间的空间结构关系，对站位网格空间大且水质不稳定的区域进行站位网格细化，实现站位网格的优化设计。

1.9.2　监测指标优化

通过识别和筛选天津海域海水环境中的主要污染因子以对生态环境产生严重损害的潜在污染因子，确定主要污染指标和潜在风险指标，并结合能够反映海洋自然环境基本信息的基础环境要素指标，优化形成天津海域海水水质监测指标体系。

基础环境要素指标是指反映海洋自然环境基本信息，在评价的标准、方法选择等海洋环境评价中具有重要参考作用的一类指标。依据我国海洋环境监测方案及美国华盛顿州生态监测项目[39]、欧盟水框架[40]、黑海环境保护与恢复战略行动计划[41]、EHMP 澳大利亚生态健康监测计划[42]、美国海洋环境状况报告 IV[43]、环境指标框架设计和环境评估项目[44]、海水淡水监测中的优先监测指标及其分析方法[45]、全球联合海洋台站网海洋污染监测等国外监测计划[46]，梳理其监测指标体系中共同关注的基本环境要素指标。同时对我国海水环境监测方案中指标的环境意义进一步论证，最终确定基础环境要素指标。

污染指标是指能够反映人类直接或间接把物质或能量引入海洋环境，造成或可能造成损害生物资源和海洋生物，危害人类健康，妨碍包括捕鱼和海洋的其他正当用途在内的各种海洋活动、损坏海水使用质量和减损环境优美等有害影响的指标。采用单因子评价方法，依据《海水水质标准》（GB 3097—1997）计算各区域内上述各指标的达标率，确定水质等级。按指标符合的水质类别顺序排列各区域内每个监测指标的污染次序，排序顺序依次为劣四类、四类、三类、二类，属于同一水质等级的指标，则比较其达标率，达标率高的指标排序在前。

潜在污染风险指标是指随着经济社会的发展可能导致环境污染并对生态环境产生严重损害的污染物。依据 2010 年天津近岸重点排污口监测结果，分析排污口污水中汞、镉、铅、砷、铜、锌、铬、六价铬、氰化物、多氯联苯、挥发酚、六六六、滴滴涕、氯化物、硝基苯、苯胺等国内外优先污染物的检出情况。对照中国推荐水环境优先污染物名单[47]、USEPA 水环境优先污染物[48]、CERCLA 优先污染物名单[49]，当天津海域的排污口污水中检出的污染物，即确定为潜在污染风险指标，并确认该指标适合的海水或沉积物介质。

1.9.3　监测频率优化

海水水质监测频率的设计目的是保证监测结果具有代表性，而允许误差的大小和置信区间的宽度是决定监测结果是否具有统计学意义上代表性的关键[50,51]，是计算水质监测频率的约束条件。

水质参数随时间的变化是一个连续的随机过程，由于常规水质监测中的采样并不连续，这个随机过程是一个离散的随机序列[52]。因此，可基于统计学方法构建水质监测频率计算模型[53,54]，水质监测采样频率 n 可由式（1-52）求出：

$$n = t_a^2 (n-1) S'^2 / (\bar{X} - R)^2 \tag{1-52}$$

式中，t_a 为自由度，可由 t 分布的置信因子 $t_a(k)$ 的数值表查取；$\bar{X}$ 为所有样本的算术平均值，可由式（1-53）求出，其中 X_i 为第 i 个样本的测定值；R 为平均值的允许误差，S'^2 为总体方差的估计值，可利用已有的水质监测资料通过式（1-54）计算获得：

$$\bar{X} = \frac{1}{n} \sum_{i=1}^{1} X_i \qquad (1-53)$$

$$S'^2 = \frac{1}{n-1} \sum_{i=1}^{n} (X_i - \bar{X})^2 \qquad (1-54)$$

由式（1-52）可以看出，计算 n 值需要采用迭代计算方法。首先要估计一个初始 n 值，以便确定自由度，再确定一个合适的置信区间宽度（参考国内外置信度的成熟经验 90%），使用式（1-52）可以进行试算 n 的第 1 次近似值，在初始估计值和第 1 次近似值之间选择新的 n 值，但要较接近于新的 n 值，然后再计算第二次近似值，重复试算直到估算和计算的 n 相等或者接近为止。

1.10　生态修复适宜性评估

依据土地覆盖类型、土壤类型、坡度、降水条件及交通路网情况对天津市近岸海域芦苇湿地修复的适应性进行评估，并对新建芦苇湿地的生态效应进行了评估[55,56]。依据海洋功能区划、海洋物理化学环境、海洋生物资源等指标开展人工鱼礁选址适宜性评估[57]。

第 2 章　海水环境质量状况

2.1　海水综合质量

2015 年天津市海域海水环境污染严重，海水质量差。全年优良水质比例（符合海水一、二类标准）为 9.5%，劣四类水质比例为 24.7%。冬、春、夏和秋 4 个季节中，冬季劣四类水质比例最低，水质相对较好，春季、秋季劣四类水质分别达到 43.8% 和 39.9%，海水质量较差（表 2-1）。

表 2-1　2015 年天津市符合各类海水水质标准的海域面积比例（%）

季节	一类水质	二类水质	三类水质	四类水质	劣四类水质
冬季	1.1	12.2	55.0	27.7	4.0
春季	1.4	2.9	11.5	40.4	43.8
夏季	1.6	11.9	28.0	47.5	11.0
秋季	0.0	6.9	26.0	27.2	39.9
全年平均	1.0	8.5	30.1	35.7	24.7

从 1996 年以来 20 年天津市海域水质变化趋势来看，海水水质整体呈现持续恶化趋势。"九五"期间，优良水质的比例为 82.6%，"十五"期间下降到 28.2%，"十一五"期间继续下降至 8.6%，"十二五"期间仅为 6.0%。2000 年是天津市海水质量下降最为明显的一年，优良水质比例由 1999 年的 92% 下降到 29%，之后水质恶化趋势加重，一类水质的水域接近消失（见图 2-1，表 2-2）。

影响海洋环境的主要因子为无机氮和活性磷酸盐；其次是石油类和 COD。无机氮秋季污染最重，其次是夏季，劣于四类水质标准的海域分别达到 39.9% 和 10.9%；春季、冬季相对较轻，劣四类海域分别为 2.2% 和 3.9%。春季活性磷酸盐污染重，劣四类海域比例高达 42%；冬季、夏季、秋季污染轻，优良海水比例均超过 95%。

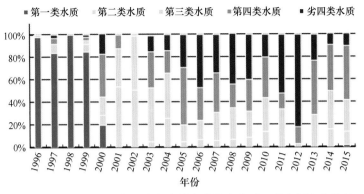

图 2-1　1996—2015 年天津市海域各类海水水质面积比例变化趋势

表 2-2　天津市 1996—2015 年夏季各类海水水质面积比例（%）

年度	一类水质	二类水质	三类水质	四类水质	劣四类水质
1996	98	2	0	0	0
1997	84	8	0	5	3
1998	100	0	0	0	0
1999	85	7	3	3	2
2000	20	9	16	38	17
"九五"期间	**77.4**	**5.2**	**3.8**	**9.2**	**4.4**
2001	0	54	34	12	0
2002	0	51	48	1	0
2003	0	5	49	32	14
2004	0	26	40	20	14
2005	0	5	15	51	29
"十五"期间	**0**	**28.2**	**37.2**	**23.2**	**11.4**
2006	0	7	17	29	47
2007	0	6	25	35	34
2008	0	7	27	21	45
2009	0	9	23	28	40
2010	0	14	30	36	20
"十一五"期间	**0**	**8.6**	**24.4**	**29.8**	**37.2**
2011	0	0	34	14	52
2012	0	0	3	15	82
2013	0	0	29	48	23
2014	0	16	33	41	10
2015	2	12	28	47	11
"十二五"期间	**0.4**	**5.6**	**25.4**	**33.0**	**35.6**

从海水污染的空间趋势看，冬季、夏季劣四类严重污染海域主要分布在天津市南部青静黄排水渠、子牙新河和北排河三个河口附近海域；春季劣四类严重污染海域主要分布在独流减河河口附近海域；秋季劣四类严重污染海域主要分布在永定新、海河河口海域和南部青静黄排水渠、子牙新河和北排河三个河口附近海域（图2-2）。

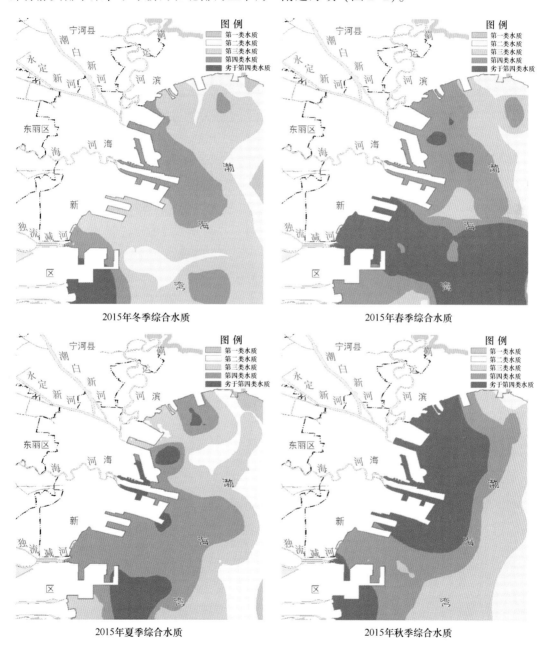

图 2-2　2015 年天津市海域各季节海水水质分布状况

1996—2015 年的 20 年间海域污染的空间格局发生了明显变化。"九五"初期天津市大部分海域水质处于优良状态；"十五"初期整个海域没有一类水质区域，永定新河至海河河口局部区域出现四类污染水域；"十一五"初期四类水质迅速扩大至整个近岸水域，永定新河至独流减河近岸大范围出现劣四类水域；"十二五"初期劣四类水域向北部扩大，南部青静黄排水渠、子牙新河和北排河三个河口附近出现劣四类海域（图 2-3）。

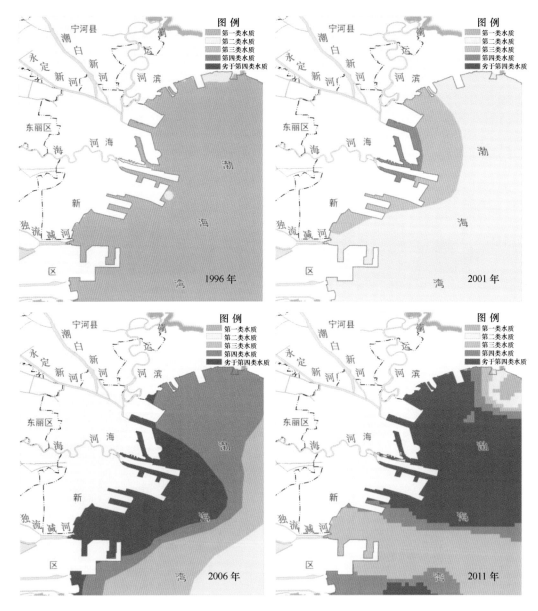

图 2-3　海水污染扩散趋势分布图

2.2　海水富营养化

天津市海域海水呈现中度和轻度富营养化状态。全年轻度富营养化海域比例为 45%，中度富营养海域比例为 51%。春季、秋季节海水富营养化相对严重，中度富营养化海域比例分别为 64% 和 81%；夏季海水富营养化程度最轻。中度富营养化海域主要分布在近岸河口邻近海域（表 2-3，图 2-4）。

表 2-3　2015 年海水富营养化面积比例（%）

季节	轻度富营养化	中度富营养化	重度富营养化
冬季	57	41	0
春季	30	64	3
夏季	75	17	0
秋季	18	81	0
全年	45	51	1

2.3　海洋功能区达标状况

根据《天津市海洋功能区划（2011—2020 年）》，天津市所辖海域总面积约 2 146 km²，共划分为农渔业区、港口航运区、工业与城镇用海区、旅游休闲娱乐区、海洋保护区、特殊利用区、保留区 7 个类别的功能区。

评价结果表明天津市海洋功能区水质达标率低，全年为 40%。冬季、春季、夏季、秋季分别有 53%、29%、46%、32% 海域的海洋功能区水质能够满足功能区海水水质要求。各类功能区中，海洋保护区和旅游休闲娱乐区达标率最低，分别为 0 和 2%；其次是农渔业区，仅为 13%（见表 2-4，图 2-5）。

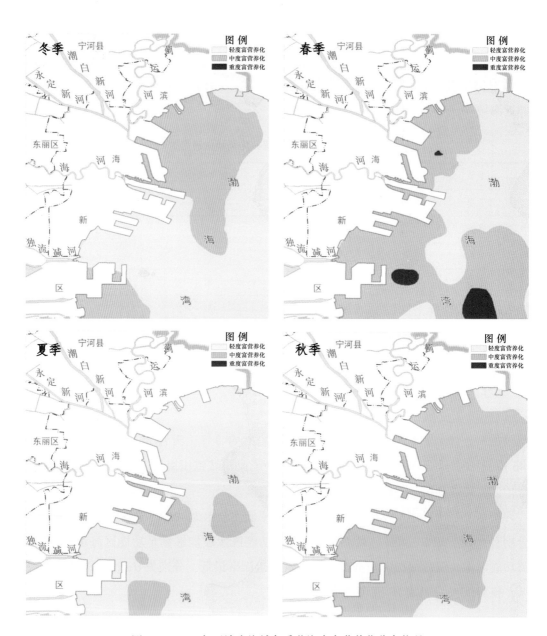

图 2-4　2015 年天津市海域各季节海水富营养化分布状况

表 2-4　2015 年天津市各类海洋功能区达标状况统计（%）

功能区类型	冬季	春季	夏季	秋季	全年
农渔业区	17	1	20	13	13
港口航运区	99	72	87	40	75
工业与城镇用海区	52	3	8	0	16
旅游休闲娱乐区	0	0	8	0	2
海洋保护区	0	0	0	0	0
特殊利用区	100	100	100	100	100
保留区	100	25	100	68	73
总计	53	29	46	32	40

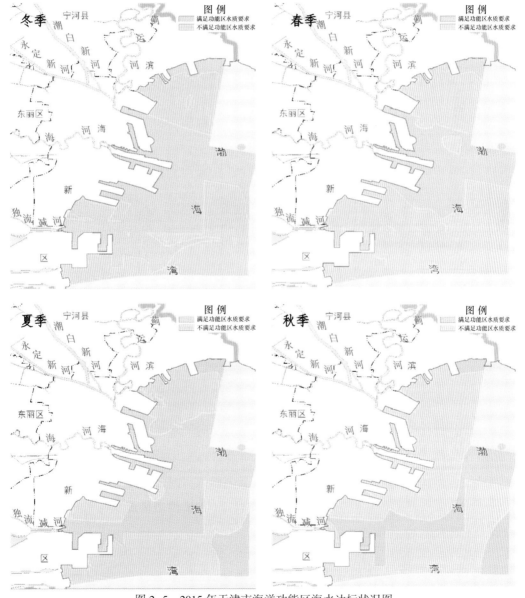

图 2-5　2015 年天津市海洋功能区海水达标状况图

第3章　天津市海洋污染清单

2013 年天津入海的总氮为 18 553 t，其中经永定新河、海河、独流减河、青静黄排水渠、子牙新河和北排河六大河口的入海量为 17 244 t，经沿海 36 个排污口的入海量为 1 309 t，分别占入海总量的 92.9% 和 7.1%。河流跨界输入入海的总量为 8 441 t，占河流跨界输入量的 37.3%。天津市产生的总氮入海量为 8 803 t，占天津市排放量的 31.5%，占天津市总氮产生量的 3.4%（图 3-1）。

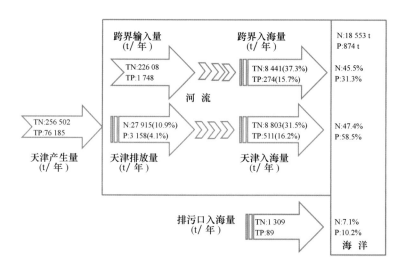

图 3-1　2013 年天津市陆源污染源清单

2013 年天津入海的总磷为 874 t，河口入海量为 785 t，经沿海 36 个排污口入海量为 89 t，分别占入海总量的 89.8% 和 10.2%。河流跨界输入入海的总量为 274 t，占河流跨界输入量的 15.7%。天津市产生的总磷入海量为 511 t，占天津市排放量的 16.2%，占天津市总磷产生量的 0.7%（图 3-1）。

3.1　陆域河流输入通量

对天津市入境的 15 条主要河流设置的入境水质监测断面见图 3-2，河流污染物跨界输入量计算结果见表 3-1。可见，2013 年度入境河流中 COD_{Cr}、无机氮、总氮、总磷的输入量分别为 145 599 t、18 158 t、22 608 t 和 1 748 t，合计总量为 188 113 t。天津市入境污染物主要来源于北运河、子牙新河、还乡河、果河和潮白河，上述河流入境的污染物总量占入境总量的 86%。跨境河流总氮输入主要来自于北运河、子牙新河、果河、潮白河、还乡河和北京排污河，输入量占河流跨境总氮输入量的 93%。跨境河流总磷输入主要来自于北运河、潮白河、果河、还乡河和北京排污河，输入量占跨境河流总磷输入量的 88%。

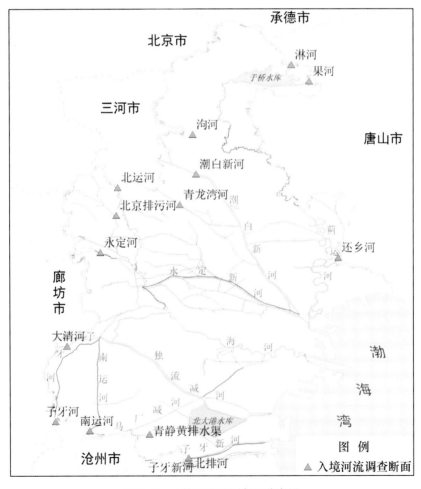

图 3-2　入境河流监测断面分布图

表 3-1 2013 年天津市主要河流污染物入境量　　　　　　单位：t/年

序号	入境河流名称	COD_{Cr}	DIN	TN	TP	合计
1	还乡河	25 042	709	1 162	172	27 085
2	北京排污河	4 390	986	1 150	104	6 630
3	果河	16 923	2 068	4102	178	23 271
4	北运河	33 690	7 463	7900	873	49 926
5	北排水河	8 204	186	427	37	8 854
6	青静黄渠	826	16	32	3	877
7	潮白河	14 198	1 214	1 782	216	17 410
8	青龙湾河	2 633	204	439	63	3 339
9	大清河	2 363	70	145	3	2 581
10	子牙新河	34 328	4 682	4 821	46	43 877
11	淋河	755	184	204	3	1 146
12	子牙河	46	1	2	0	49
13	永定河	173	3	11	1	188
14	沟河	2 028	372	431	49	2 879
15	南运河	0	0	0	0	0
	合计	145 599	18 158	22 608	1 748	188 113

3.2　海域污染物跨界输移通量

天津市海域边界断面见图 3-3，2013 年 12 月至 2014 年 11 月无机氮和活性磷酸盐跨界输移通量见表 3-2 和表 3-3。可见，全年除 2 月、8 月份外，各月份天津海域均向毗邻海域净输出无机氮，净输出量为 7 141 t，天津—河北唐山和天津—河北沧州断面以净输出为主，天津—渤海中部断面各月份均为净输入。全年除 2 月份外，各月份天津海域均向毗邻海域净输出活性磷酸盐，净输出量为 605 t，天津—河北唐山和天津—河北沧州断面以净输出为主，天津—渤海中部断面各月份均为净输入。

表 3-2 天津市海域与毗邻海域无机氮跨界输移通量　　　　　　单位：t

季节	月份	天津—河北唐山	天津—渤海中部	天津—河北沧州	合计
冬季	2013 年 12 月	305	1 654	−3 867	−1 908
	2014 年 1 月	−1 903	1 211	−1 242	−1 935
	2014 年 2 月	−338	1 889	−657	894
	合计	−1 936	4 754	−5 766	−2 949

季节	月份	天津—河北唐山	天津—渤海中部	天津—河北沧州	合计
春季	2014 年 3 月	−1 264	1 432	−867	−699
	2014 年 4 月	−1 603	1 066	336	−202
	2014 年 5 月	−513	834	−1 323	−1 002
	合计	−3 380	3 331	−1 855	−1 904
夏季	2014 年 6 月	−617	1 012	−18	378
	2014 年 7 月	−1 612	939	208	−466
	2014 年 8 月	−920	1 233	−261	52
	合计	−3 150	3 184	−71	−36
秋季	2014 年 9 月	−897	1 081	−633	−449
	2014 年 10 月	−1 089	1 279	−525	−335
	2014 年 11 月	−513	1 795	−2 751	−1 470
	合计	−2 498	4 155	−3 909	−2 253
全年总计		−10 964	15 423	−11 601	−7 141

注：负值表示污染物由天津海域向外输出；正值表示污染物向天津海域内部输入。

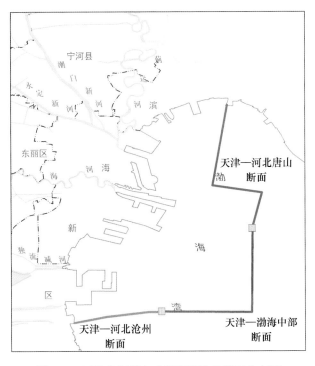

图 3-3 天津市海域与毗邻海域边界断面分布图

表 3-3　天津市海域与毗邻海域活性磷酸盐跨界输移通量　　　　　　单位：t

季节	月份	天津—河北唐山	天津—渤海中部	天津—河北沧州	合计
冬季	2013 年 12 月	10	87	−148	−51
	2014 年 1 月	−110	55	−48	−103
	2014 年 2 月	−23	81	−26	32
	合计	−122	223	−222	−121
春季	2014 年 3 月	−46	21	−15	−41
	2014 年 4 月	−45	15	1	−29
	2014 年 5 月	−21	17	−21	−26
	合计	−112	52	−36	−95
夏季	2014 年 6 月	−100	61	−3	−42
	2014 年 7 月	−133	72	7	−53
	2014 年 8 月	−112	69	−14	−57
	合计	−345	202	−9	−152
秋季	2014 年 9 月	−81	62	−40	−58
	2014 年 10 月	−96	72	−33	−57
	2014 年 11 月	−67	121	−176	−122
	合计	−244	256	−248	−237
全年总计		−823	733	−515	−605

注：负值表示污染物由天津海域向外输出；正值表示污染物向天津海域内部输入。

3.3　天津市总氮总磷产生量

3.3.1　总氮产生量

2013 年天津陆源氮产生总量为 256 502 t。从行业来看，农业产污量最大，占 48.1%；其次是城镇生活和畜禽养殖业，分别占 19.4% 和 18.0%；农村居民生活、工业分别占 8.8% 和 4.8%；淡水养殖业占 1.0%。从行政区域来看，氮产生量最高的前 5 位依次为宝坻区、武清区、蓟县、滨海新区和静海县，占总产生量的 71.9%（表 3-4）。不同区县，氮产生的来源也不尽相同，市内六区 90% 以上的总氮是由城镇居民生活产生；滨海新区的氮主要由城镇居民生活、工业生产活动产生，二者占

65% 左右；东丽区、西青区、津南区的氮主要由城镇居民生活、农村生产活动产生；北辰区、武清区、宝坻、宁河县、静海县、蓟县的氮主要是由化肥施用、畜禽养殖、农村居民生活产生（见表 3-4，见图 3-4）。从流域来看，北四河流域氮产生量最高，占总产生量的 65.7%；其次是海河和独流减河流域，分别占总产生量的 22.5% 和 9.6%（见表 3-5）。

表 3-4　2013 年天津市各行政区总氮产生量百分比（%）

序号	行政区域名称	工业	城镇居民生活	农业化肥	畜禽养殖	农村居民生活	淡水养殖	合计
1	和平区	0.00	0.64	0.00	0.00	0.00	0.00	0.64
2	河东区	0.06	1.71	0.00	0.00	0.00	0.00	1.77
3	河西区	0.04	1.74	0.00	0.00	0.00	0.00	1.77
4	南开区	0.04	2.02	0.00	0.00	0.00	0.00	2.05
5	河北区	0.04	1.55	0.00	0.00	0.00	0.00	1.59
6	红桥区	0.02	1.02	0.00	0.00	0.00	0.00	1.04
7	滨海新区	2.19	4.32	1.73	0.70	0.82	0.07	9.83
8	东丽区	0.26	1.01	0.50	0.14	0.29	0.02	2.22
9	西青区	0.22	0.88	1.23	0.57	0.68	0.10	3.69
10	津南区	0.11	0.94	0.15	0.42	0.37	0.06	2.04
11	北辰区	0.43	1.02	0.83	1.81	0.50	0.03	4.62
12	武清区	0.90	0.62	10.39	3.32	1.81	0.21	17.25
13	宝坻区	0.03	0.59	17.04	2.60	1.33	0.12	21.71
14	宁河县	0.35	0.32	2.50	2.71	0.62	0.18	6.68
15	静海县	0.10	0.46	4.67	2.44	1.11	0.07	8.86
16	蓟县	0.01	0.60	9.03	3.24	1.27	0.08	14.23
合计		4.80	19.44	48.07	17.95	8.80	0.94	100.00

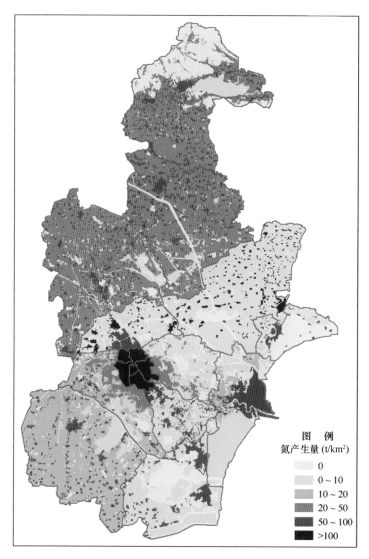

图 3-4 天津市总氮产生量空间分布图

图 例
氮产生量 (t/km²)

- 0
- 0~10
- 10~20
- 20~50
- 50~100
- >100

表 3-5 2013 年天津市各流域总氮产生量百分比 (%)

流域名称	工业	城镇居民生活	农业	畜禽养殖	农村居民生活	淡水养殖	合计
北四河流域	1.54	4.67	39.96	13.16	5.67	0.67	65.67
海河流域	2.97	13.71	2.39	1.88	1.36	0.14	22.45
独流减河流域	0.18	0.73	4.84	2.41	1.30	0.12	9.58
青静黄流域	0.08	0.29	0.73	0.45	0.42	0.00	1.97
子牙新河流域	0.01	0.04	0.11	0.04	0.05	0.00	0.26
北排河流域	0.00	0.00	0.06	0.00	0.01	0.00	0.07
合计	4.79	19.44	48.08	17.94	8.81	0.94	100.00

3.3.2　总磷产生量

2013 年天津陆源磷产生总量为 76 185 t。从行业来看，农业产污量最大，占 76.7%；其次是畜禽养殖业和农村居民生活，分别占 8.6% 和 8.4%；城镇居民生活、工业和淡水养殖分别占 4.7%、1.0% 和 0.6%。从行政区域来看，总磷产生量最高的前五位依次为宝坻区、武清区、静海县、蓟县、宁河县，占总产生量的 83.7%。市内六区总磷 90% 以上由城镇居民生活产生；滨海新区、东丽区、西青区、北辰区、武清区、宝坻、宁河县、静海县、蓟县的总磷主要是由化肥施用而产生；津南区的总磷主要由农业生产、生活而产生（见表 3-6，图 3-5）。从流域来看，北四河流域总磷产生量最高，占总产生量的 72.8%；其次为独流减河和海河流域，分别占总产生量的 14.5% 和 10.1%（见表 3-7）。

表 3-6　2013 年天津市各行政区总磷产生量百分比（%）

序号	行政区域名称	工业	城镇居民生活	农业化肥	畜禽养殖	农村居民生活	淡水养殖	合计
1	和平区	0.00	0.16	0.00	0.00	0.00	0.00	0.16
2	河东区	0.02	0.41	0.00	0.00	0.00	0.00	0.43
3	河西区	0.03	0.42	0.00	0.00	0.00	0.00	0.45
4	南开区	0.01	0.49	0.00	0.00	0.00	0.00	0.49
5	河北区	0.01	0.37	0.00	0.00	0.00	0.00	0.38
6	红桥区	0.01	0.25	0.00	0.00	0.00	0.00	0.26
7	滨海新区	0.32	1.04	2.22	0.26	0.79	0.05	4.68
8	东丽区	0.08	0.24	1.23	0.05	0.28	0.02	1.90
9	西青区	0.08	0.21	2.27	0.25	0.65	0.07	3.54
10	津南区	0.02	0.23	0.19	0.22	0.35	0.04	1.06
11	北辰区	0.04	0.25	1.34	0.86	0.48	0.02	2.99
12	武清区	0.15	0.15	15.79	1.68	1.73	0.14	19.63
13	宝坻区	0.02	0.14	29.77	1.24	1.27	0.08	32.52
14	宁河县	0.05	0.08	2.98	1.12	0.60	0.12	4.94
15	静海县	0.10	0.12	11.76	1.14	1.06	0.05	14.23
16	蓟　县	0.02	0.15	9.17	1.75	1.21	0.05	12.36
	合计	0.95	4.70	76.72	8.58	8.42	0.62	100.00

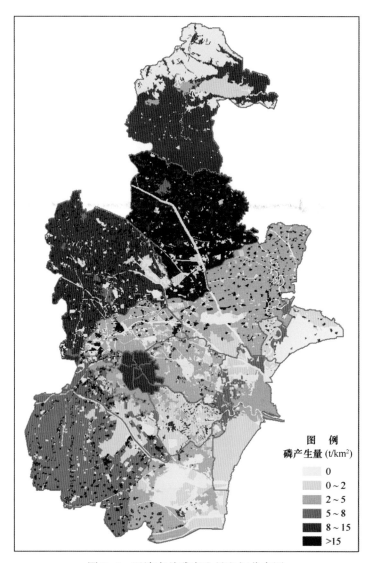

图 3-5　天津市总磷产生量空间分布图

表 3-7　2013 年天津市各流域总磷产生量百分比 （%）

流域名称	工业	城镇居民生活	农业	畜禽养殖	农村居民生活	淡水养殖	合计
北四河流域	0.27	1.14	59.20	6.37	5.42	0.45	72.84
海河流域	0.56	3.31	3.98	0.87	1.30	0.09	10.11
独流减河流域	0.11	0.18	11.79	1.13	1.24	0.08	14.52
青静黄流域	0.01	0.07	1.48	0.20	0.40	0.00	2.17
子牙新河流域	0.00	0.01	0.17	0.02	0.05	0.00	0.25
北排河流域	0.00	0.00	0.09	0.00	0.01	0.00	0.10
合计	0.95	4.70	76.72	8.58	8.42	0.62	100.00

3.4　天津市总氮总磷排放量

3.4.1　总氮排放量

2013 年，天津境内产生并排放到降水地表径流中的总氮量为 27 915 t，从北京、河北通过河流跨境输入并排放到天津境内降水地表径流中的总氮为 22 608 t，天津境内总氮的排放量与境外入境量基本相当。

在天津境内陆源排放的 27 915 t 总氮中，各行业排放量依次为城镇居民生活 10 534 t、畜禽养殖氮 6 406 t、工业 3 259 t、农业化肥 3 175 t、农村居民生活 2 904 t、淡水养殖 1 637 t，所占比例依次为 37.7%、23.0%、11.7%、11.4%、10.4% 和 5.9%。总氮排放量前五位的依次为滨海新区、武清区、宝坻区、蓟县、宁河县，分别占 16.4%、13.3%、11.5%、10.2% 和 7.2%。市内六区 95% 以上的总氮由城镇居民生活排放；滨海新区、东丽区、西青区、津南区、北辰区主要是由城镇居民生活、工业生产活动排放；宝坻、蓟县、静海县、宁河县、武清、北辰区的氮主要是由农业生产、农村居民生活排放（见表 3-8，图 3-6）。从流域来看，北四河流域氮排放量最高，占 72.8%；其次是独流减河和海河流域，分别占 14.5% 和 10.1%。河流入境排放量以北四河流域和子牙新河流域为主，分别占入境总量的 76.0% 和 21.3%（见表 3-9）。

表 3-8　2013 年天津市各行政区总氮排放量百分比（%）

序号	行政区域名称	工业	城镇居民生活	农业化肥	畜禽养殖	农村居民生活	淡水养殖	合计
1	和平区	0.00	1.24	0.00	0.00	0.00	0.00	1.24
2	河东区	0.14	3.30	0.00	0.00	0.00	0.00	3.44
3	河西区	0.09	3.35	0.00	0.00	0.00	0.00	3.44
4	南开区	0.09	3.89	0.00	0.00	0.00	0.00	3.98
5	河北区	0.10	2.99	0.00	0.00	0.00	0.00	3.10
6	红桥区	0.04	1.97	0.00	0.00	0.00	0.00	2.01
7	滨海新区	5.32	8.34	0.36	0.92	0.97	0.44	16.35
8	东丽区	0.64	1.94	0.11	0.19	0.34	0.14	3.36
9	西青区	0.54	1.70	0.35	0.70	0.81	0.63	4.73
10	津南区	0.27	1.81	0.03	0.50	0.43	0.36	3.40

序号	行政区域名称	工业	城镇居民生活	农业化肥	畜禽养殖	农村居民生活	淡水养殖	合计
11	北辰区	1.05	1.96	0.19	2.10	0.59	0.17	6.06
12	武清区	2.19	1.21	2.58	3.88	2.14	1.30	13.30
13	宝坻区	0.07	1.14	4.23	3.69	1.57	0.76	11.46
14	宁河县	0.85	0.67	0.52	3.35	0.74	1.10	7.23
15	静海县	0.25	0.97	0.85	2.85	1.31	0.44	6.68
16	蓟县	0.03	1.26	2.15	4.77	1.50	0.51	10.22
合计		11.67	37.74	11.37	22.95	10.40	5.86	100.00

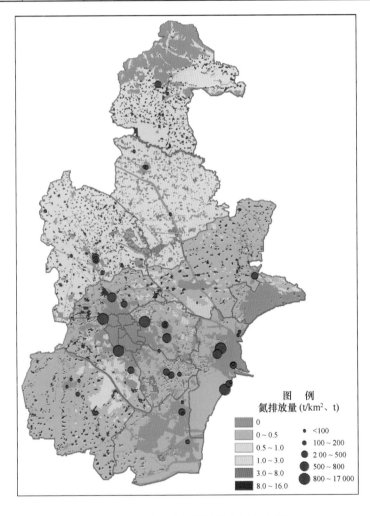

图 3-6　天津市总氮排放量空间分布图

表 3-9　2013 年天津市各流域总氮排放量百分比（%）

流域名称	跨境输入	工业	城镇居民生活	农业	畜禽养殖	农村居民生活	淡水养殖	天津市小计
北四河流域	76.00	0.27	1.14	59.20	6.37	5.42	0.45	72.84
海河流域	0.00	0.56	3.31	3.98	0.87	1.30	0.09	10.11
独流减河流域	0.65	0.11	0.18	11.79	1.13	1.24	0.08	14.52
青静黄流域	0.14	0.01	0.07	1.48	0.20	0.40	0.00	2.17
子牙新河流域	21.32	0.00	0.01	0.17	0.02	0.05	0.00	0.25
北排河流域	1.89	0.00	0.00	0.09	0.00	0.01	0.00	0.10
合计	100.00	0.95	4.70	76.72	8.58	8.42	0.62	100.00

3.4.2　总磷排放量

2013 年，天津境内污染排放到降水地表径流中的总磷量为 3 158 t，通过河流排放到天津境内的总磷为 1 748 t，二者合计为 4 906 t，天津境内磷排放量大，是境外磷入境量的1.8 倍。

在天津境内陆源排放量 3 158 t 总磷中，畜禽养殖排放占 30.0%，农村居民生活排放占 24.2%，城镇居民生活排放占 17.1%，农业化肥施用排放占 14.7%，水产养殖排放占10.2%，工业排放占 3.8%。总磷排放量最高的前 5 位依次为武清区、宝坻区、蓟县、静海县、滨海新区。市内六区 95% 以上的总磷是由城镇居民生活排放的；滨海新区、东丽区、西青区、津南区的总磷主要是由城镇居民和农村居民生活排放；北辰区、宁河县、蓟县、静海县、武清的总磷主要是由畜禽养殖、农村居民生活排放；宝坻区化肥施用排放的总磷占比高（见表 3-10，图 3-7）。北四河流域总磷排放量最高，占 73.9%；其次为海河流域，占 15.4%（见表 3-11）。

表 3-10　2013 年天津市各行政区总磷排放量百分比（%）

序号	行政区域名称	工业	城镇居民生活	农业化肥	畜禽养殖	农村居民生活	淡水养殖	合计
1	和平区	0.00	0.56	0.00	0.00	0.00	0.00	0.56
2	河东区	0.06	1.50	0.00	0.00	0.00	0.00	1.56
3	河西区	0.11	1.52	0.00	0.00	0.00	0.00	1.63
4	南开区	0.03	1.76	0.00	0.00	0.00	0.00	1.79
5	河北区	0.03	1.36	0.00	0.00	0.00	0.00	1.39
6	红桥区	0.04	0.89	0.00	0.00	0.00	0.00	0.93
7	滨海新区	1.29	3.79	0.36	0.94	2.20	0.76	9.33

序号	行政区域名称	工业	城镇居民生活	农业化肥	畜禽养殖	农村居民生活	淡水养殖	合计
8	东丽区	0.32	0.88	0.20	0.19	1.48	0.25	3.32
9	西青区	0.33	0.77	0.41	0.93	2.24	1.10	5.78
10	津南区	0.09	0.82	0.03	0.83	2.09	0.63	4.49
11	北辰区	0.18	0.89	0.22	3.09	1.83	0.30	6.50
12	武清区	0.59	0.55	3.15	5.99	3.85	2.25	16.38
13	宝坻区	0.09	0.52	6.34	4.14	3.10	1.32	15.49
14	宁河县	0.18	0.30	0.49	4.08	1.49	1.90	8.45
15	静海县	0.40	0.43	1.68	4.21	2.63	0.76	10.11
16	蓟　县	0.09	0.56	1.85	5.62	3.26	0.89	12.28
合计		3.83	17.11	14.73	30.01	24.16	10.16	100.00

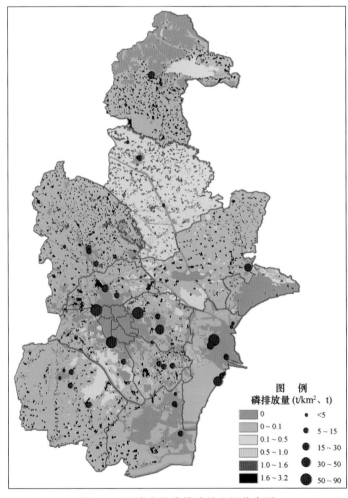

图 3-7　天津市总磷排放量空间分布图

表 3-11　2013 年天津市各流域总磷排放量百分比 （%）

流域名称	跨境输入	工业	城镇居民生活	农业	畜禽养殖	农村居民生活	淡水养殖	天津市小计
北四河流域	94.91	0.93	3.54	7.76	14.11	9.09	4.68	73.93
海河流域	0.00	1.25	7.11	0.44	2.03	3.57	0.99	15.38
独流减河流域	0.17	0.26	0.28	1.10	2.66	2.09	0.81	7.27
青静黄流域	0.17	0.03	0.08	0.15	0.48	0.70	0.03	1.52
子牙新河流域	2.63	0.00	0.00	0.02	0.04	0.09	0.02	1.10
北排河流域	2.12	0.00	0.00	0.01	0.00	0.01	0.01	0.79
合计	100.00	2.47	11.01	9.48	19.32	15.56	6.54	100.00

3.5　陆源总氮总磷入海通量

3.5.1　流域入海通量

3.5.1.1　总氮

2013 年，天津流域经永定新河、海河、独流减河、青静黄排水渠、子牙新河和北排河六大河口入海的总氮总量为 17 244 t，其中来自天津境内的为 8 803 t，跨界河流入海的为 8 441 t，分别占 51.0% 和 49.0%。入海总氮中来源于城镇居民生活、畜禽养殖和工业的比例较高，分别为 19.3%、11.5% 和 7.0%；来源于淡水养殖的总氮所占比例最低，为 2.6%。从行政区域来看，总氮入海量最高的前 5 位依次为滨海新区、武清区、蓟县、宁河县、宝坻区。市内六区以城镇居民生活入海的总氮为主，宝坻、蓟县、静海县、宁河县、武清以农业化肥、畜禽养殖、农村居民生活入海为主（见图 3-8，表 3-12）。从流域来看，北四河流域总氮入海量最高，为 9 143 t，占总入海量的 53.0%；其次为海河流域，为 4 183 t，占总入海量的 24.3%（见表 3-13，表 3-14）。近岸子流域总氮的入海系数高于离岸远的子流域（见图 3-9）。

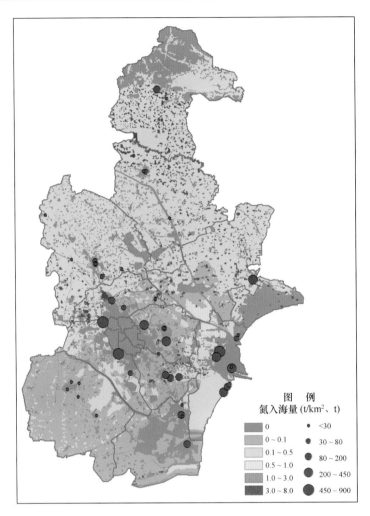

图 3-8　天津总氮入海量空间来源分布图

表 3-12　2013 年天津市各行政区总氮入海量百分比（％）

序号	行政区域名称	入境	工业	城镇居民生活	农业化肥	畜禽养殖	农村居民生活	淡水养殖	合计
1	和平区	0.00	0.00	0.67	0.00	0.00	0.00	0.00	0.67
2	河东区	0.00	0.05	1.64	0.00	0.00	0.00	0.00	1.70
3	河西区	0.00	0.04	1.82	0.00	0.00	0.00	0.00	1.85
4	南开区	0.00	0.04	2.11	0.00	0.00	0.00	0.00	2.14
5	河北区	0.00	0.04	1.49	0.00	0.00	0.00	0.00	1.53
6	红桥区	0.00	0.02	1.07	0.00	0.00	0.00	0.00	1.08
7	滨海新区	20.97	4.23	4.98	0.03	0.28	0.50	0.42	31.41
8	东丽区	0.00	0.22	0.70	0.06	0.29	0.21	0.09	1.57

续表

序号	行政区域名称	入境	工业	城镇居民生活	农业化肥	畜禽养殖	农村居民生活	淡水养殖	合计
9	西青区	0.08	0.21	0.66	0.09	0.33	0.26	0.16	1.78
10	津南区	0.00	0.17	1.18	0.07	0.35	0.35	0.04	2.15
11	北辰区	0.00	0.32	0.61	0.12	0.93	0.37	0.09	2.44
12	武清区	13.32	0.73	0.38	1.08	1.68	0.88	0.46	18.54
13	宝坻区	3.44	0.04	0.57	1.80	2.65	0.95	0.36	9.81
14	宁河县	3.98	0.78	0.59	0.88	2.30	0.61	0.70	9.83
15	静海县	0.09	0.08	0.29	0.11	0.34	0.20	0.08	1.18
16	蓟县	7.07	0.01	0.54	1.29	2.40	0.83	0.18	12.32
	合计	48.95	6.97	19.28	5.53	11.54	5.15	2.58	100.00

表 3-13 2013 年天津市各流域总氮入海量百分比（%）

流域名称	跨境输入	工业	城镇居民生活	农业	畜禽养殖	农村居民生活	淡水养殖	合计
北四河	25.47	1.97	5.24	4.98	9.50	3.56	2.30	53.02
海河	2.90	4.81	13.63	0.35	1.38	1.04	0.14	24.25
独流减河	0.07	0.07	0.27	0.09	0.30	0.18	0.12	1.10
青静黄河	0.08	0.11	0.17	0.07	0.31	0.30	0.00	1.04
子牙新河	18.99	0.00	0.00	0.02	0.05	0.06	0.01	19.13
北排河	1.42	0.00	0.00	0.01	0.00	0.01	0.01	1.45
合计	48.95	6.95	19.31	5.53	11.54	5.15	2.58	100.00

表 3-14 2013 年各流域不同行政区总氮入海量   单位：t/年

流域	跨境输入	和平区	河东区	河西区	南开区	河北区	红桥区	滨海新区	东丽区	西青区	津南区	北辰区	武清区	宝坻区	宁河县	静海县	蓟县	合计
北四河	4 393	0	72	0	0	148	0	468	131	0	0	241	678	1 098	1 008	0	906	9 143
海河	501	116	221	319	369	116	187	1 041	140	274	372	179	221	0	0	127	0	4 183
独流减河	13	0	0	0	0	0	0	108	0	19	0	0	0	0	0	49	0	189
青静黄	14	0	0	0	0	0	0	153	0	0	0	0	0	0	0	12	0	180
子牙新河	3 275	0	0	0	0	0	0	25	0	0	0	0	0	0	0	0	0	3 299
北排河	246	0	0	0	0	0	0	5	0	0	0	0	0	0	0	0	0	251
合计	8 441	116	293	319	369	264	187	1 799	271	293	372	420	899	1 098	1 008	188	906	17 243

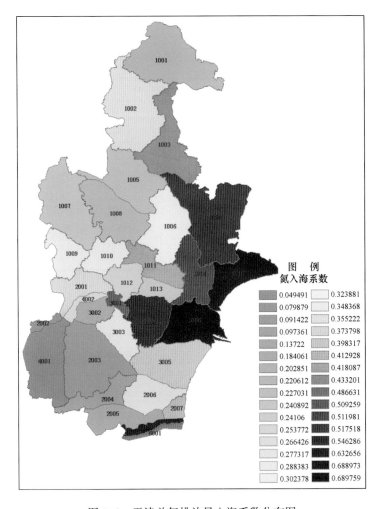

图 3-9　天津总氮排放量入海系数分布图

3.5.1.2　总磷

2013 年，天津流域经永定新河、海河、独流减河、青静黄排水渠、子牙新河和北排河六大河口入海的总磷总量为 785 t，其中来自天津境内的为 511 t，跨界河流入海的为 274 t，分别占 65.1% 和 34.9%。入海总磷中来源于畜禽养殖、农村居民生活和城镇居民生活的比例高，分别为 19.0%、15.3% 和 13.4%，来源于工业的总磷所占比例最低，为 3.3%。从行政区域来看，总磷入海量最高的前 5 位依次为武清区、宁河县、滨海新区、宝坻区、蓟县。市内六区以城镇居民生活入海为主；滨海新区、东丽区、西青区、津南区的总磷以城镇居民和农村居民生活入海为主；宝坻区、宁河县、蓟县、静海县、武清区的总磷以畜禽养殖、农村居民生活入海为主（见图 3-10，表 3-15）。从流域来看，北四河流域总磷入海量最高，为 537 t，占总入海量的 68.4%；其次为海河流域，为 197 t，占总入海量的

25.0%（见表 3-16，表 3-17）。近岸子流域总磷的入海系数高于离岸远的子流域（见图 3-11）。

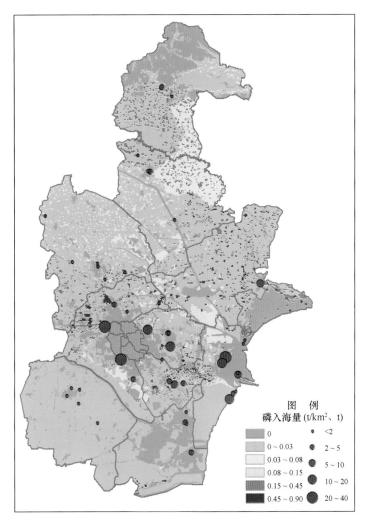

图 3-10 天津总磷入海量空间来源分布图

表 3-15 2013 年天津市各行政区总磷入海量百分比（%）

序号	行政区域名称	入境	工业	城镇居民生活	农业化肥	畜禽养殖	农村居民生活	淡水养殖	合计
1	和平区	0.00	0.00	0.50	0.00	0.00	0.00	0.00	0.50
2	河东区	0.00	0.04	1.23	0.00	0.00	0.00	0.00	1.27
3	河西区	0.00	0.08	1.36	0.00	0.00	0.00	0.00	1.45
4	南开区	0.00	0.02	1.58	0.00	0.00	0.00	0.00	1.60
5	河北区	0.00	0.02	1.12	0.00	0.00	0.00	0.00	1.14

序号	行政区域名称	入境	工业	城镇居民生活	农业化肥	畜禽养殖	农村居民生活	淡水养殖	合计
6	红桥区	0.00	0.03	0.80	0.00	0.00	0.00	0.00	0.83
7	滨海新区	3.93	1.92	3.63	0.15	0.34	1.72	1.62	13.32
8	东丽区	0.00	0.15	0.34	0.13	0.59	1.25	0.24	2.71
9	西青区	0.01	0.16	0.33	0.14	0.59	0.69	0.19	2.12
10	津南区	0.00	0.10	0.77	0.14	0.71	1.92	0.09	3.74
11	北辰区	0.00	0.06	0.24	0.29	2.39	1.71	0.26	4.95
12	武清区	16.34	0.18	0.15	1.23	2.33	1.47	0.59	22.29
13	宝坻区	2.54	0.07	0.38	2.84	3.97	2.31	0.59	12.69
14	宁河县	8.86	0.35	0.52	1.63	4.29	1.88	1.86	19.38
15	静海县	0.07	0.06	0.06	0.01	0.04	0.03	0.01	0.28
16	蓟县	3.15	0.06	0.32	1.98	3.73	2.26	0.24	11.74
	合计	34.89	3.30	13.35	8.55	18.97	15.25	5.68	100.00

表 3-16　2013 年天津市各流域总磷入海量百分比（%）

流域名称	跨境输入	工业	城镇居民生活	农业	畜禽养殖	农村居民生活	淡水养殖	合计
北四河	26.87	0.77	3.05	7.54	15.35	9.70	5.10	68.37
海河	4.24	2.36	9.98	0.78	2.84	4.53	0.27	25.00
独流减河	0.01	0.20	0.22	0.11	0.31	0.31	0.17	1.34
青静黄河	0.06	0.03	0.08	0.11	0.34	0.52	0.04	1.17
子牙新河	2.54	0.00	0.00	0.04	0.08	0.21	0.04	2.91
北排河	1.16	0.00	0.00	0.01	0.01	0.01	0.02	1.21
合计	34.89	3.36	13.33	8.59	18.92	15.27	5.63	100.00

表 3-17　2013 年天津市各流域不同行政区总磷入海量　　　　单位：t/年

流域	跨境输入	和平区	河东区	河西区	南开区	河北区	红桥区	滨海新区	东丽区	西青区	津南区	北辰区	武清区	宝坻区	宁河县	静海县	蓟县	合计
北四河	211	0	2	0	0	5	0	19	10	0	0	23	36	80	83	0	67	537
海河	33	4	8	11	13	4	7	36	11	15	29	16	10	0	0	0	0	197
独流减河	0	0	0	0	0	0	0	7	0	2	0	0	0	0	0	2	0	10
青静黄	1	0	0	0	0	0	0	9	0	0	0	0	0	0	0	0	0	9
子牙新河	20	0	0	0	0	0	0	3	0	0	0	0	0	0	0	0	0	23
北排河	9	0	0	0	0	0	0	0	0	0	0	0	0	0	0	0	0	10
合计	274	4	10	11	13	9	7	74	21	17	29	39	47	80	83	2	67	785

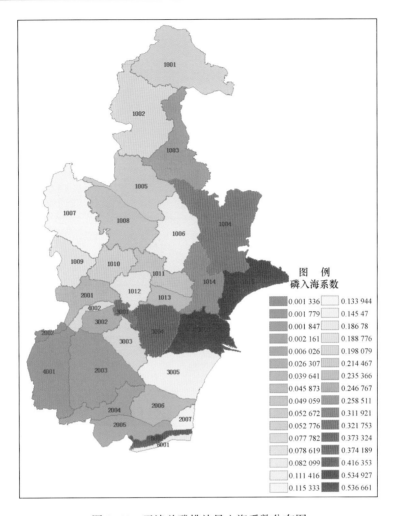

图 3-11　天津总磷排放量入海系数分布图

3.5.2　排污口入海通量

对天津沿海 36 个入海排污口总氮总磷排污结果显示，2013 年经入海排污口排入海域的总氮为 1 309 t，总磷为 89 t，分别占天津入海总氮和总磷的 7.1% 和 10.2%（见图 3-12）。

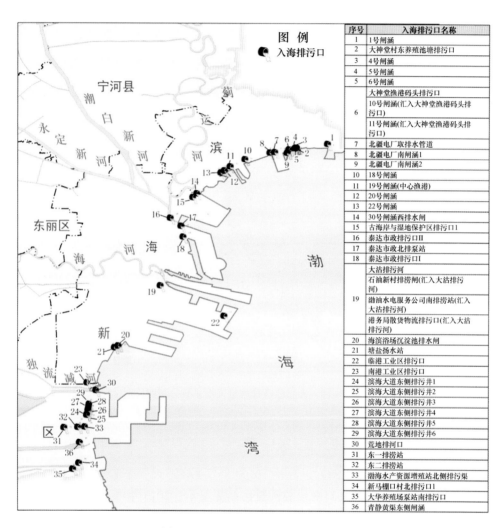

序号	入海排污口名称
1	1号闸涵
2	大神堂村东养殖池塘排污口
3	4号闸涵
4	5号闸涵
5	6号闸涵
6	大神堂渔港码头排污口
	10号闸涵(汇入大神堂渔港码头排污口)
	11号闸涵(汇入大神堂渔港码头排污口)
7	北疆电厂取排水管道
8	北疆电厂南闸涵1
9	北疆电厂南闸涵2
10	18号闸涵
11	19号闸涵(中心渔港)
12	20号闸涵
13	22号闸涵
14	30号闸涵西排水闸
15	古海岸与湿地保护区排污口1
16	泰达市政排污口II
17	泰达市政北排泵站
18	泰达市政排污口I
19	大沽排污河
	石油新村排涝闸(汇入大沽排污河)
	渤油水电服务公司南排涝站(汇入大沽排污河)
	港务局散货物流排污口(汇入大沽排污河)
20	海滨浴场沉淀池排水闸
21	塘盐扬水站
22	临港工业区排污口
23	南港工业区排污口
24	滨海大道东侧排污井1
25	滨海大道东侧排污井2
26	滨海大道东侧排污井3
27	滨海大道东侧排污井4
28	滨海大道东侧排污井5
29	滨海大道东侧排污井6
30	荒地排污口
31	东一排涝站
32	东二排涝站
33	渤海水产资源增殖站北侧排污渠
34	新马棚口村北排污口1
35	大华养殖场泵站南排污口
36	青静黄渠东侧闸涵

图 3-12　天津市入海排污口分布图

第4章 陆源污染总量削减与分配

4.1 水质目标

综合考虑天津市近岸海域海洋环境现状及变化趋势、陆源入海排污情况、水质目标的可达性，以及"水十条"等相关环境保护规划的要求，确定了天津市海域近期（至2020年）、中期（至2030年）和远期（至2050年）水环境质量的改善和管理目标。各期间水质恢复指标见表4-1。

表4-1 天津海水质量恢复指标

时段		水质类别比例	综合评价	无机氮评价	活性磷酸盐评价
近期	2020年	优良（%）	8	8	100
		劣四类（%）	30	30	0
中期	2030年	优良（%）	30	30	100
		劣四类（%）	15	15	0
远期	2050年	优良（%）	88	88	100
		劣四类（%）	0	0	0

近期目标为优良水域（一、二类水质）面积比例达到8%，这一目标略高于"十二五"期间水质现状（6.0%），与"十一五"期间水平（8.6%）接近；劣四类水质控制在30%以内。近期目标水质分布见图4-1。

中期目标为优良水域面积比例达到30%，劣四类水域控制在15%以内。该阶段目标与"十五"期间的水质相当，其间优良水域占28%。中期目标水质分布见图4-2。

远期目标为优良水域面积比例达到88%，消除劣四类水质。远期目标水质分布见图4-3。

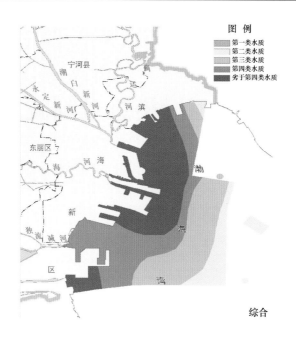

综合

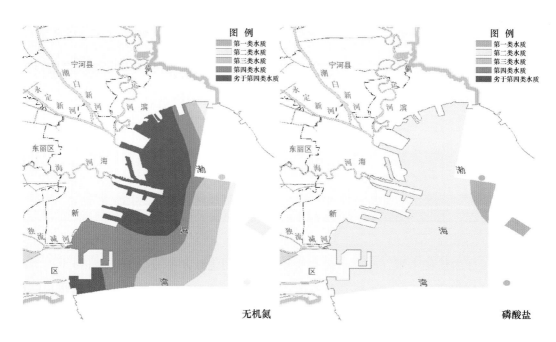

无机氮　　　　　　　　　　　　　　　　　　　　磷酸盐

图 4-1　近期目标水质分布图

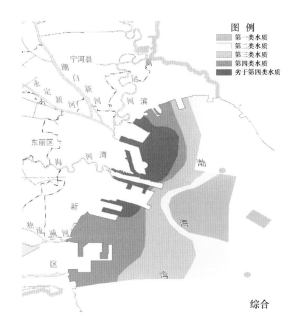

综合

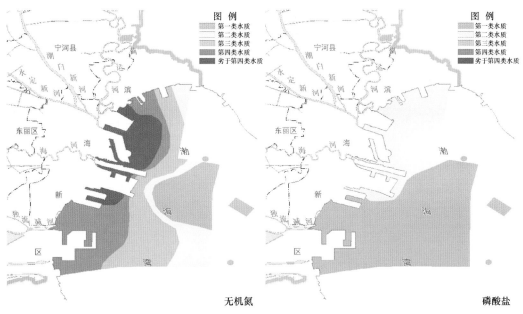

无机氮　　　　　　　　　　　　　　　　　磷酸盐

图 4-2　中期目标水质分布图

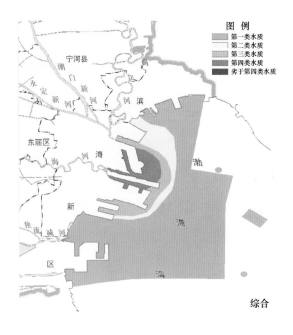

综合

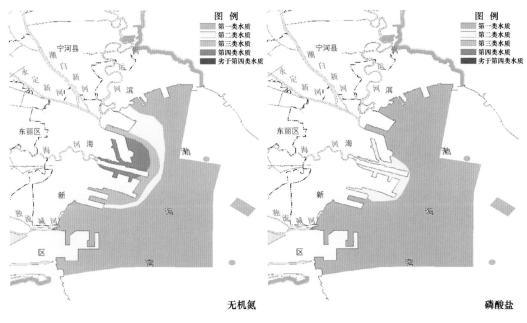

无机氮　　　　　　　　　　　磷酸盐

图4-3　远期目标水质分布图

4.2　环境容量与削减总量

依据近期、中期和远期的环境质量管理目标和海洋环境容量计算出各时段六大流域的总氮排放量、允许排放量及削减量见表 4-2。近期北四河流域、海河流域、独流减河流域及子牙新河流域总氮排放量均超出环境容量，其中北四河流域需要削减的量最多；其次是子牙新河流域和海河流域，削减量分别为 4 111 t/年、3 269 t/年和 3 033 t/年；北排河和青静黄流域的总氮排放量在允许的范围内。

表 4-2　各流域总氮排放量、允许排放量及削减量　　　　单位：t/年

流域	入海 TN/DIN	2013 年入海量	近期允许排放量	以 2013 年为基础削减量	中期允许排放量	以 2013 年为基础削减量	远期允许排放量	以 2013 年为基础削减量
北四河	1.26	9 143	5 032	−4 111	2 457	−6 686	2 466	−6 677
海河	1.56	4 182	1 149	−3 033	3 132	−1 050	1 090	−3 092
独流减河	2.27	189	64	−125	66	−123	25	−164
青静黄渠	2.53	180	225	45	149	−31	111	−69
子牙新河	1.05	3 299	30	−3 269	20	−3 279	15	−3 284
北排河	1.09	251	698	447	580	329	207	−44

注：削减量中"−"为削减量，无符号为剩余容量。

依据近期、中期和远期的环境质量管理目标和海洋环境容量计算出各时段六大流域的总磷排放量、允许排放量及削减量见表 4-3。近期北四河流域、海河流域、独流减河流域及子牙新河流域总磷的排放量均超出环境容量，其中北四河流域需要削减的量最多；其次是海河流域和子牙新河流域，削减量分别为 198 t/年、80 t/年和 19 t/年；北排河流域和青静黄流域的总磷排放量在允许的范围内。

表 4-3　各流域总磷排放量、允许排放量及削减量　　　　单位：t/年

流域	入海 TP/DIP	2013 年入海量	近期允许排放量	以 2013 年为基础削减量	中期允许排放量	以 2013 年为基础削减量	远期允许排放量	以 2013 年为基础削减量
北四河	1.67	537	339	−198	339	−198	246	−291
海河	3.15	196	116	−80	116	−80	71	−125
独流减河	3.54	10	8	−2	4	−6	4	−6
青静黄渠	8.31	9	23	14	11	2	11	2
子牙新河	3.15	23	4	−19	2	−21	2	−21
北排河	7.68	10	12	2	5	−5	6	−4

注：削减量中"−"为削减量，无符号为剩余容量。

4.3　削减总量分配清单

依据谁污染谁负责的原则，按照各污染源对总氮、总磷入海量的贡献率分解削减入海

总量，近期削减量分解结果见表4-4~表4-8。总氮削减的重点流域是北四河流域、海河流域和子牙新河流域。北四河流域削减的重点是跨境河流输入、畜禽养殖业和城镇居民生活来源的总氮；削减的重点行政区是宝坻区、宁河县和蓟县；削减的主要入海河流是北运河和果河（见表4-4，表4-5，表4-8）。海河流域削减的重点是城镇生活和工业排放及跨境河流输入；削减的重点行政区是滨海新区、津南区和南开区；削减的主要入海河流是大清河（见表4-4，表4-5，表4-8）。子牙新河流域削减的重点是跨境河流输入（见表4-4，表4-5，表4-8）。

总磷削减的重点流域也是北四河流域、海河流域和子牙新河流域。北四河流域削减的重点是跨境河流输入、畜禽养殖业和农村居民生活来源的总磷；削减的重点行政区依次是宁河县、宝坻区和蓟县；削减的主要入海河流是北运河和潮白河（见表4-6，表4-7，表4-8）。海河流域削减的重点是城镇生活和农村生活排放及跨境河流输入；削减的重点行政区是滨海新区、津南区和南开区；削减的主要入海河流是大清河（见表4-6，表4-7，表4-8）。子牙新河流域削减的重点是跨境河流输入（见表4-6，表4-7，表4-8）。

表4-4 近期各流域不同行业总氮入海削减量分配表　　　　单位：t/年

流域	入境	工业	城镇生活	农业化肥	畜禽养殖	农村生活	淡水养殖	合计
北四河流域	-1 975	-153	-407	-386	-736	-276	-178	-4 111
海河流域	-363	-601	-1 705	-44	-173	-130	-17	-3 033
独流减河流域	-8	-8	-31	-10	-34	-20	-14	-125
青静黄流域	0	0	0	0	0	0	0	0
子牙新河流域	-3 245	0	0	-4	-8	-10	-2	-3 269
北排河流域	0	0	0	0	0	0	0	0
合计	-5 591	-762	-2 143	-444	-951	-436	-211	-10 538

表4-5 近期各流域不同行政区总氮入海削减量分配表　　　　单位：t/年

流域	入境	和平区	河东区	河西区	南开区	河北区	红桥区	滨海新区	东丽区	西青区	津南区	北辰区	武清区	宝坻区	宁河县	静海县	蓟县	合计
北四河流域	-1 975	0	-33	0	0	-67	0	-210	-59	0	0	-108	-305	-494	-453	0	-407	-4 111
海河流域	-363	-84	-160	-232	-268	-84	-135	-755	-101	-199	-269	-130	-161	0	-92	0		-3 033
独流减河流域	-8	0	0	0	0	0	0	-71	0	-13	0	0	0	0	0	-33	0	-125
青静黄流域	0	0	0	0	0	0	0	0	0	0	0	0	0	0	0	0		0
子牙新河流域	-3 245	0	0	0	0	0	0	-24	0	0	0	0	0	0	0	0		-3 269
北排河流域	0	0	0	0	0	0	0	0	0	0	0	0	0	0	0	0		0
合计	-5 591	-84	-193	-232	-268	-151	-135	-1 060	-160	-212	-269	-238	-466	-494	-453	-125	-407	-10 538

表 4-6 近期各流域不同行业总磷入海削减量分配表 单位：t/年

流域	入境	工业	城镇居民生活	农业化肥	畜禽养殖	农村居民生活	淡水养殖	合计
北四河流域	-78	-2	-9	-22	-44	-28	-15	-198
海河流域	-14	-8	-32	-2	-9	-14	-1	-80
独流减河流域	0	0	0	0	-1	-1	0	-2
青静黄流域	0	0	0	0	0	0	0	0
子牙新河流域	-16	0	0	-1	-1	-1	0	-19
北排河流域	0	0	0	0	0	0	0	0
合计	-108	-10	-41	-25	-55	-44	-16	-299

表 4-7 近期各流域不同行政区总磷入海削减量分配表 单位：t/年

流域	入境	和平区	河东区	河西区	南开区	河北区	红桥区	滨海新区	东丽区	西青区	津南区	北辰区	武清区	宝坻区	宁河县	静海县	蓟县	合计
北四河流域	-78	0	-1	0	0	-2	0	-7	-4	0	0	-8	-14	-29	-30	0	-25	-198
海河流域	-14	-2	-3	-4	-5	-2	-3	-15	-4	-6	-12	-6	-4	0	0	0	0	-80
独流减河流域	0	0	0	0	0	0	0	-2	0	0	0	0	0	0	0	0	0	-2
青静黄流域	0	0	0	0	0	0	0	0	0	0	0	0	0	0	0	0	0	0
子牙新河流域	-16	0	0	0	0	0	0	-3	0	0	0	0	0	0	0	0	0	-19
北排河流域	0	0	0	0	0	0	0	0	0	0	0	0	0	0	0	0	0	0
合计	-108	-2	-4	-4	-5	-4	-3	-27	-8	-6	-12	-14	-18	-29	-30	0	-25	-299

表 4-8 入境河流总氮、总磷入海量削减分配表 单位：(t/年)

序号	流域	入境河流名称	总氮削减量	总磷削减量
1	北四河流域	还乡河	-134	-8
2		果河	-472	-9
3		淋河	-23	0
4		沟河	-49	-2
5		潮白河	-205	-10
6		青龙湾河	-50	-3
7		北运河	-908	-41
8		北京排污河	-132	-5
9		永定河	-1	0
10	海河流域	大清河	-363	-14
11	独流减河流域	子牙河	-8	0
12		南运河	0	0
13	青静黄流域	青静黄渠	0	0
14	子牙新河流域	子牙新河	-3 245	-16
15	北排河流域	北排水河	0	0
合计			5 591	108

第5章 陆源入海污染总量削减对策措施

5.1 加强海洋生态修复与建设

5.1.1 滨海湿地修复

滨海湿地修复与建设，是控制削减陆源污染入海总量的有效辅助手段，是保护水环境质量和生物多样性、维护渤海生态健康的需要，是提高该区域资源环境承载能力、建设新的区域经济增长点的需要。

综合考虑天津市地形、生态、水文、地质地貌、土壤等自然因素，以及社会需求、农田设施、人为干扰程度等社会经济因素，选划出天津市适宜开展芦苇湿地恢复建设的区域。北塘入海口、海河入海口和独流减河入海口为三大重点芦苇湿地恢复与建设区域，总面积为 3 572 hm^2。北塘入海口优先开展湿地修复的区域共 17 块，面积为 2 090 hm^2。海河入海口优先开展湿地修复的区域共 7 块，面积为 212 hm^2。独流减河入海口优先开展湿地修复的区域共 10 块，湿地修复的面积为 1 270 hm^2（见图 5-1）。通过芦苇湿地种植与恢复，可达到增强主要污水排海通道的自然降解能力，减少入海排污压力和污染物对近岸海域环境的影响，预计减少陆源 258 t 总氮和 17 t 总磷入海。

5.1.2 人工鱼礁建设

天津市近海海域最适合人工鱼礁布设的区域位于汉沽区营城镇蔡家堡村至大神堂村以南水深 4~5 m 的海域，面积约为 8.61 km^2（其转点坐标为 39°2′56″N，117°54′5″E，39°4′55″N，117°55′3″E；39°5′14″N，117°57′11″E；39°3′33″N，117°55′51″E）。该海域底质为黏土质粉砂，浮游生物种类和数量及底栖生物种类和数量较多，温、盐度季节变化明显，透明度较高，水色相对较清，水质绝大多数指标符合国家一、二类水质标准，海域适合沿岸岛礁性鱼类、贝类栖息生长，历史上渔业资源丰富，是渤海对虾的产卵场和索饵场。此外，这一区域与天津市已进行建设的人工鱼礁投礁区域相距较近，因此，可与已有鱼礁形

图 5-1　滨海新区主要芦苇湿地恢复与建设区域

成大规模稳定的生态人工鱼礁群，有效修复和构建水产生物的生活和栖息场所，优化海域生态和环境。

　　天津市海域较适宜开展鱼礁投放的区域主要分布在太平镇沙井子乡以东水深 9～10 m 的海域，面积约为 29.78 km² （其转点坐标为 39°2′11″N，117°54′49″E；39°3′32″N，117°56′43″E；39°4′29″N，117°57′8″E；39°5′34″N，117°58′53″E）。这一海域位于天津东南部农渔业区，符合海洋功能区划的主导功能定位，海域海洋环境质量总体良好，基础生产力较高，生物物种多样性和饵料生物较丰富，适宜建设人工鱼礁（见图 5-2）。

　　根据 2009—2013 年，天津市在大神堂外海及汉沽区实验性投礁区投放礁体数量及面积的平均值进行估算，到 2020 年，预计建成面积约 4 km² 的试验性礁区，投放 10 000 个礁体，总空方为 37 100 m³，依据 2008 年深圳杨梅坑人工鱼礁区单位面积服务价值 1714.7 万元/km²，估算在 5 年之后，天津大神堂外海人工鱼礁构建后生态服务功能价值将达到 6 858.8 万元，水质调节价值将达到 1 147.19 万元，其中总氮和总磷移除量将达到 7 647.84 t 和 0.1 t（见表 5-1）。

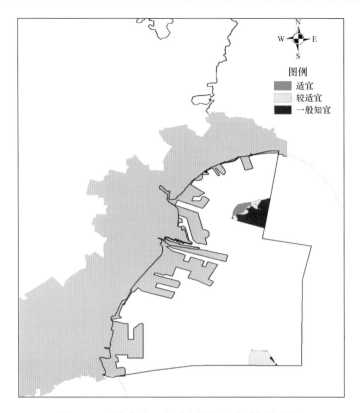

图 5-2 天津市人工鱼礁布设的适宜性评价结果

表 5-1 天津人工鱼礁区水质调节价值预评估结果

种类	产量 (t)	总氮移除量 (t)	总磷移除量 (t)	价值 (万元)
大型藻类	11	0.2	0.1	0.0
海水鱼	329	8.9	0.0	1.3
海水虾	12	0.3	0.0	0.1
人工鱼礁附着生物	794 914	4 769.5	0.0	715.4
底栖生物	478 162	2 869.0	0.0	430.3
合计	1 273 428	7 647.8	0.1	1 147.2

5.2　开展入海排污口综合整治

5.2.1　空间布局优化

评估结果显示，36 个入海直排口中，7、8、10、11、12、13、14、15 等 8 个入海排污口对海洋保护区、农渔业区和旅游休闲娱乐区等敏感区影响大，需要对其空间位置重新选划和优化（见表5-2）。

表5-2　天津海域各排污口的布局优化建议

序号	排污口名称	水交换能力	对敏感海洋功能区影响	空间布局优化建议
1	1 号闸涵	较强	较小	较适宜
2	大神堂村东养殖池塘排污口	较强	较小	适宜
3	4 号闸涵			
4	5 号闸涵			
5	6 号闸涵			
6	大神堂渔港码头			
7	北疆电厂取排水管道	弱	—	不适宜，调整空间布局
8	北疆电厂南闸涵 1			
9	北疆电厂南闸涵 2	较强	较小	适宜
10	18 号闸涵	弱	—	不适宜，调整空间布局
11	19 号闸涵（中心渔港）	较弱	大	不适宜，调整空间布局
12	20 号闸涵			
13	22 号闸涵			
14	30 号闸涵西排水闸	较弱	大	不适宜，调整空间布局
15	古海岸与湿地保护区排污口 1			
16	泰达市政排污口Ⅱ	较强	较大	较适宜
17	泰达市政北排泵站			
18	泰达市政排污口Ⅰ	弱	小	较适宜
19	大沽排污河口	较弱	小	较适宜
	石油新村排涝闸			
	渤油水电服务公司南排涝站			
	港务局散货物流排污口			
20	海滨浴场沉淀池排水闸	较强	小	适宜
21	塘盐扬水站			

序号	排污口名称	水交换能力	对敏感海洋功能区影响	空间布局优化建议
22	临港工业区排污口	弱	小	较适宜
23	南港工业区排污口			
24	滨海大道东侧排污井 1			
25	滨海大道东侧排污井 2			
26	滨海大道东侧排污井 3	弱	小	较适宜
27	滨海大道东侧排污井 4			
28	滨海大道东侧排污井 5			
29	滨海大道东侧排污井 6			
30	荒地排河口	较弱	小	较适宜
31	东一排涝站			
32	东二排涝站	弱	较小	较适宜
33	渤海水产资源增殖站北侧排污渠			
34	新马棚口村北排污口 1	强	较小	适宜
35	大华养殖场泵站南排污口			
36	青静黄渠东侧闸涵	弱	较小	较适宜

5.2.2 建立排污收费制度

5.2.2.1 排污费征收对象

建议在新的陆源直排口排污收费制度中，除包括工业、市政排污口、污水处理厂、规模化畜禽养殖场外，将天津市沿岸的盐场、海水养殖场排污口也纳入收费管理的范畴。建议新的陆源直排口排污收费制度中，将混合型的入海排污河纳入收费管理的范畴，并结合排污权交易试点工作，定量评估各排污河上游不同产污主体的排污贡献率，从而确定不同产污主体的收费标准和收费额度。

5.2.2.2 排污费征收标准

建议参考 2015 年《关于调整 5 项主要重金属排污费征收标准等有关问题的通知》中的计算方式，将入海直排口排污单位排放的所有污染物统一纳入到排污费计征范畴累积征收，并提高或增加总氮、总磷、石油类、多氯联苯等重点污染物的征收标准（见表 5-3）。具体包括以下几方面。

表 5-3　天津市陆源排污口主要污染物排污费征收标准和征收方式建议

主要污染物	征收标准			征收方式	
	现行标准（元/kg）	建议标准（元/kg）		现行方式	建议方式
		岸线排污	离岸深水排污		
COD	7.5	15	不变	最多计征 3 项	累计征收，超标按日计罚
氨氮	9.5	19	9.5	最多计征 3 项	与其他污染物累计征收，二者取高值，
总氮	—	38	19	不征收	超标按日计罚
总磷	2.8	14	5.6	最多计征 3 项	累计征收，超标按日计罚
石油类	7	35	14	最多计征 3 项	累计征收，超标按日计罚
挥发酚	8.75	43.75	17.5	最多计征 3 项	累计征收，超标按日计罚
氰化物	14	70	28	不征收	累计征收，超标按日计罚
苯并［a］芘	2.33×10^6	1.16×10^7	4.66×10^6	最多计征 3 项	累计征收，超标按日计罚
二噁英	—	1.16×10^7	4.66×10^6	不征收	累计征收，超标*按日计罚
多氯联苯	—	1.16×10^7	4.66×10^6	不征收	累计征收，超标*按日计罚

注：＊为参照《石油化学工业污染物排放标准》（GB 31571—2015）。

（1）岸线排污方式的陆源直排口（包括排污河）：COD 虽然不是天津市近岸海域水体的主要超标污染物，但也存在明显超标现象，其排污收费标准比现行标准增加一倍；统筹氨氮、总氮的收费项目，若陆源直排口排放的氨氮占总氮 80% 以上，则以氨氮收费，如果氨氮不足总氮的 80%，则以总氮标准收费；提高近岸海域主要污染物的陆源直排口排污收费标准，主要包括总氮、总磷、石油类、挥发酚、氰化物、苯并［a］芘；多氯联苯和二噁英因无现行征收标准，故参考苯并［a］芘的标准。

（2）根据本项目现场调查及资料收集情况，天津市近岸的污水海洋处置工程深水排放口较少，绝大部分陆源污染物都是通过闸涵等形式直接沿海岸线排放入海，未能科学利用近岸海域的水交换能力。为此，建议在新的陆源直排口排污收费制度中，适当降低此类深水排放口的排污费征收标准，以鼓励和引导天津市的陆源污水采取"适度集中、适度处理、离岸深水排放"的方式排入海洋，既达到污染处置的目的，也尽量减少对海洋环境的污染影响。

（3）根据新修订的《中华人民共和国环境保护法》，对于超标排放的陆源直排口，实施超标排污的按日计罚。

（4）建议逐一核定各陆源直排口在特定时段内允许排放的污染物种类及总量，并将总量控制要求作为超标计罚的依据，即同时考虑浓度超标和总量超标两种情况，进行按日计罚。

5.2.2.3　排污费使用管理

根据国家颁布实施的《排污费征收使用管理条例》和《排污费资金收缴使用管理办法》，排污费资金纳入财政预算，作为环境保护专项资金管理，全部专项用于环境污染防治。建议在新的天津市陆源直排口排污收费制度中，明确要求所征收的陆源直排口排污费，应全部专项用于近岸海域污染防治；同时，还应将对入河排污口征收的排污费，按照一定比例用于近岸海域污染防治。具体用途可以主要包括如下几个方面：

  （1）建立陆源直排口和入海河流的在线连续监测系统，并开展业务化运行；

  （2）实施近岸海域环境质量监测；

  （3）实施近岸重点海域环境综合整治；

  （4）开展流域—海域污染综合治理工程；

  （5）建设滨海湿地，提高近岸海域的污染自净能力；

  （6）建设污水管网和污水处理厂，提高入海污水的处置率及主要污染物去除率；

  （7）建设离岸深水排放的污染物海洋处置工程。

5.3　实施面源污染削减与控制

天津市陆源氮、磷等营养盐的来源及入海污染负荷估算结果表明，城镇居民生活、畜禽养殖、农村居民生活以及农业化肥施用是天津近岸海域氮、磷污染物的主要产生源，削减这些领域的氮、磷入海量是天津陆源污染控制的重要任务。根据国内外的经验，建议采取以下措施削减流域氮、磷入海负荷总量。

5.3.1　土地退耕和保护性耕种

土地退耕和保护性耕种是指停止在环境敏感土地（即贫瘠耕地）上生产农作物。作为补偿，政府给农民提供地役补贴，同时为在退耕土地上建立起永久性植被提供技术支持和经费补贴。天津市总氮和总磷入海量分别约有 10% 和 8% 来自于农业化肥施用，因此通过贫瘠土地退耕和开展试点实施保护性耕作，减少土壤侵蚀，增加土壤肥力，削减农田化肥使用量，是削减和控制天津市面源污染的主要措施之一。保护性耕作是指在一季作物之后，保证地表残茬覆盖不少于 30%，土壤侵蚀控制在 50% 左右的耕作和种植体系。重点实施区域主要包括宝坻区、蓟县、武清区、宁河县等农业发达县区。实施土地退耕和保护性耕作措施后，预计氮削减量分别达到 12.2% 和 7.1% 左右，磷削减量分别达到 2.1% 和 4.2% 左右。

5.3.2　实施动物废弃物管理

动物废物管理是用以妥善处理、封闭存储畜禽养殖等经营活动产生的粪便废物。化粪池、池塘、金属或混凝土贮水池用来储存液体废物，固体废物则存放在贮藏棚内。此外，还可以通过在家禽、家猪饲料中添加植酸酶等方法，降低粪便中的磷含量。天津市畜禽养殖行业的氮、磷排放入海量分别占入海总量的 20.7% 和 26.2%，其中蓟县、宁河县、宝坻县、北辰区、武清县、静海县等区域的畜禽养殖行业的氮、磷污染物排海量较大，而且散户养殖较集约化养殖的氮、磷排放量更大。因此，应重点在以上畜禽养殖业发达的地区，开展畜禽集约化养殖示范和动物废弃物管理。实施动物废物管理可削减氮、磷量达 6.8% 和 15.5% 左右。

5.3.3　河岸植被缓冲带建设

河岸植被缓冲带是河岸生态系统的重要组成部分，是陆地生态系统和水生生态系统之间的重要联系纽带，对河岸生态系统的生态及水文过程具有重要的影响。河岸植被缓冲带通过截留、过滤悬浮物、营养盐和其他化学物质进而有效减少上游流域污染物的影响，因此，世界上许多国家已将河岸植被缓冲带列为河岸生态系统管理的一个重要内容，并在一些国家作为控制农业流域非点源污染的最佳管理措施。河岸植被缓冲带的生态水文功能体现在控制河岸侵蚀、截留地表径流泥沙和养分、保护河溪水质、调节水温、为水陆动植物提供生境、维护河溪生物多样性和生态系统完整性以及提高河岸景观质量等多个方面。天津市北四河（蓟运河、潮白新河、北运河和永定新河）流域和海河流域入海氮量分别占入海总量的 50.7% 和 27.8%，磷分别占 63.4% 和 30.1%。因此，应重点在蓟运河、潮白新河、永定新河、北运河、海河等河流开展河岸植被缓冲带的建设，通过过滤和截留作用，阻止地表面源营养盐进入河道，进而有效削减上游流域污染物入海总量。通过河岸缓冲带建设，将有效削减氮、磷量达 10.4% 和 3.9% 左右。

5.3.4　构建城市过滤和径流渗透系统

城市过滤是利用沼泽湿地、明渠和生态调节池等对城镇生活污水进行过滤；城市径流渗透是指在雨季时，通过沟渠、盆地和透水多孔路面等暂时存储措施，减少携带了地表营养盐的雨水直接汇入地表和地下径流，从而减少营养盐通过地表、地下径流入海的量。此外，化粪池也是减少城镇生活污水排放的重要手段。化粪池是处理粪便并加以过滤沉淀的设备，其原理是保证固态粪便在池底分解，而上层的液态粪便则进入管道流走，防止了管道堵塞，同时给固态粪便以充足的时间水解，化粪池主要用于氮的削减。城镇居民生活产生的氮、磷排放也是天津市入海污染物主要来源之一，分别占到总入海排放量的40.5%和26.3%。主要集中在市内六区、滨海新区、津南区、东丽区、西青区和静海县。可以尝试在上述区域按照切萨皮克湾的成功方法来逐步构建、完善城市过滤、径流渗透和化粪池系统，以削减来自城市居民生活的氮磷排放量。从切萨皮克湾氮、磷削减行动效果可见，通过城市过滤、城市径流渗透和化粪池等措施，氮、磷削减量分别达到11%和6.9%[58]。

5.4 制定海洋污染生态损害赔偿条例

天津海域位于渤海湾的核心区域，是我国北方重要的海陆交通枢纽，海洋环境污染风险较高。对突发污染事故条件下污染物入海的有效管控对于确保天津海域环境质量、降低污染损害至关重要，完善海洋污染损害赔偿机制是有效管控措施之一，应针对溢油事故、危化品泄漏、污染物超标排放三类生态损害制定赔偿条例。本节主要着眼溢油、危化品泄露和超标入海排放三类突发污染类型，结合海洋生态环境损害等级的空间分区来确定各类污染损害赔偿单价，制定包括损害评估程序、损害赔偿方式、赔偿金的使用管理等内容的海洋污染损害赔偿办法。

5.4.1 海域生态损害赔偿等级

依据天津市海洋环境容量、重要生态功能区、生物资源、海水扩散能力等评估指标体系，对天津市海域海洋生态损害等级进行划分，结果见图5-3。天津市海洋生态环境损害等级分为四级。

5.4.2 损害赔偿评估标准

通过对国内外典型海洋生态损害的案例分析，从天津市海域的客观情况出发，确定天津海域溢油漏油生态损害的基准价为45万元/t，化学品泄漏生态损害赔偿基准价为12万元/t，污染物超标排放生态损害赔偿基准价见表5-4。

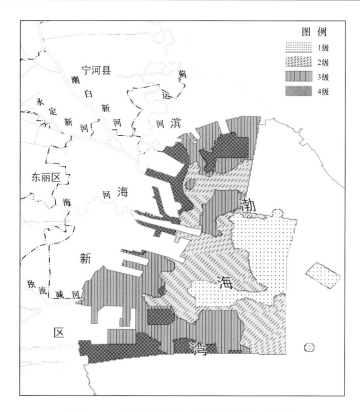

图 5-3　天津海洋生态环境损害等级示意图

表 5-4　不同污染物超标入海排放损害赔偿基准价

序号	污染物	单价（元/t）	序号	污染物	单价（元/t）
1	总汞	0.7	32	有机磷农药	70
2	总镉	7	33	乐果	70
3	总铬	56	34	甲基对硫磷	70
4	六价铬	28	35	马拉硫磷	70
5	总砷	28	36	对硫磷	70
6	总铅	35	37	五氯酚及五氯酚钠	350
7	总镍	35	38	三氯甲烷	56
8	苯并［a］芘	0.000 42	39	可吸附有机卤化物（AOX）	350
9	总铍	14	40	四氯化碳	56
10	总银	28	41	三氯乙烯	56
11	悬浮物（SS）	5 600	42	四氯乙烯	56
12	生化需氧量（BOD_5）	700	43	苯	28
13	化学需氧量（COD）	1 400	44	甲苯	28
14	总有机碳（TOC）	686	45	乙苯	28
15	石油类	140	46	邻-二甲苯	28

序号	污染物	单价（元/t）	序号	污染物	单价（元/t）
16	动植物油	224	47	对-二甲苯	28
17	挥发酚	112	48	间-二甲苯	28
18	总氰化物	70	49	氯苯	28
19	硫化物	175	50	邻二氯苯	28
20	氨氮	1 120	51	对二氯苯	28
21	氟化物	700	52	对硝基氯苯	28
22	甲醛	175	53	2，4-二硝基氯苯	28
23	苯胺类	280	54	苯酚	28
24	硝基苯类	280	55	间-甲酚	28
25	阴离子表面活性剂（LAS）	280	56	2，4-二氯酚	28
26	总铜	140	57	2，4，6-三氯酚	28
27	总锌	280	58	邻苯二甲酸二丁酯	28
28	总锰	280	59	邻苯二甲酸二辛酯	28
29	彩色显影剂（CD-2）	280	60	丙烯腈	175
30	总磷	350	61	总硒	28
31	元素磷	70			

5.4.3　损害赔偿价值计算

海洋生态损害赔偿（V）的计算公式如下：

$$V = L \times D \times G \qquad (5-1)$$

式中，L 为污染物总量；D 为生态损害赔偿基准价；G 为海洋生态损害等级值。

5.4.4　损害赔偿的形式

海洋生态损害赔偿的形式包括货币赔偿和生态修复两种方式，也可以二者并用。天津市建立海洋生态赔偿机制的目的，是为了维护海洋生态的完整性，对污染事件的责任方以惩罚和警戒，从而达到降低海洋生态损害风险的目标。对于海洋生态损害，只有采取有效生态修复措施才能保证海洋生态系统的恢复，因此，在赔偿形式上要采取"经济手段为主，生态修复共行"的策略。

5.4.5　赔偿金的使用

海洋生态损害的赔偿金应当遵循专款专用的原则，建立赔偿基金管理委员会，负责损害赔偿基金的具体赔偿或者补偿事务。海洋生态环境损害赔偿基金主要用于损害及相关费用的赔偿、补偿。使用范围主要应该包括：用于事故应急、调查、评估工作；用于生态损害修复措施的实施；后期跟踪监测、科学研究等工作的开展。

5.5 准确评估污染减排和总量控制成效

5.5.1 优化海洋环境监测方案

海洋生态环境监测既是衡量海域环境质量的手段，也是检验成效的依据。海洋生态环境监测方案的优化是监测水平提升的重要前提，本节主要从监测站位、指标和频率等的优化方面给出相关建议。

5.5.1.1 增加监测站位数量，提高代表性

天津市近岸海域水质站位优化结果见表 5–5 和图 5–4。优化后的站位数量为 18 个，其中保留站位 8 个，新增站位 10 个。

表 5–5 优化后的天津市水质监测站位

序号	站位编号	纬度（N）	经度（E）	站位类别
1	xz1	39.076 564°	117.884°	新增站位
2	xz2	38.974 383°	117.966°	新增站位
3	xz3	38.972 2°	118.062°	新增站位
4	xz4	38.894 6°	118.074°	新增站位
5	xz9	38.789 099°	117.691°	新增站位
6	xz5	38.808 815°	117.819°	新增站位
7	xz6	38.796 2°	117.912°	新增站位
8	xz7	38.775 6°	117.99°	新增站位
9	xz8	38.759°	118.075°	新增站位
10	xz10	38.693 8°	117.872°	新增站位
11	B12ZQ038	39.083 3°	117.967°	保留站位
12	B12ZQ039	38.983 3°	117.867°	保留站位
13	B12ZQ040	38.916 7°	117.883°	保留站位
14	B12ZQ041	38.883 3°	118°	保留站位
15	B12ZQ042	38.75°	117.767°	保留站位
16	H18	38.644 4°	117.667°	保留站位
17	H19	38.67°	117.773°	保留站位
18	B12ZQ043	38.658 3°	117.965°	保留站位

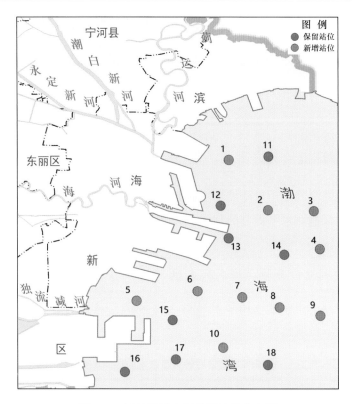

图 5-4　天津海域水质监测站位分布图

　　优化后天津市海域沉积物质量监测站位共计 13 个，其中保留原有的站位 3 个，调整空间位置的站位 5 个，新增沉积物监测站位 5 个（见表 5-6，图 5-5）。

表 5-6　天津海域沉积物监测站位优化统计表

序号	站位编码	纬度（N）	经度（E）	站位类别
1	B12ZQ040	38.916 7°	117.883 3°	保留
2	H19	38.67°	117.773 3°	保留
3	B12ZQ043	38.658 3°	117.965°	保留
4	xz1	39.076 6°	117.883 8°	调整
5	B12ZQ039	38.983 3°	117.866 7°	调整
6	xz5	38.808 8°	117.818 6°	调整
7	xz9	38.789 1°	117.691 3°	调整
8	H18	38.644 4°	117.666 7°	调整
9	B12ZQ038	39.083 3°	117.966 7°	新增
10	xz2	38.974 4°	117.965 9°	新增
11	xz6	38.796 2°	117.911 9°	新增
12	B12ZQ042	38.75°	117.766 7°	新增
13	xz10	38.693 8°	117.871 6°	新增

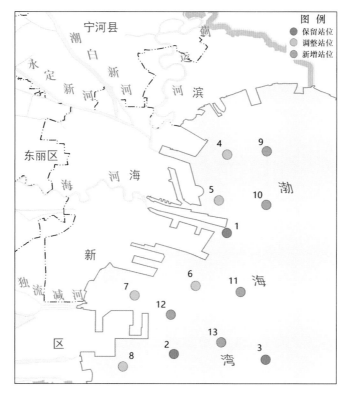

图 5-5　天津沉积物站位优化结果图

5.5.1.2　优化海水水质监测指标，突出监测重点

海水水质监测基础要素指标包括水温、盐度、水深、透明度、pH 值、溶解氧、叶绿素、气温、风速、风向 10 项指标。环境指标包括污染指标和潜在污染指标，含无机氮、活性磷酸盐、石油类、化学需氧量和氰化物 5 项。

沉积物质量监测基础要素指标包括粒度、含水率、有机碳 3 项。环境指标包括污染指标和潜在污染指标，含 DDTs、PCBs、汞、镉、铅、砷、锌、六价铬 8 项。

5.5.1.3　适当增加监测频率，提升环境质量的代表性

天津市海水环境监测频率为每年 4 次，监测时段为 3 月、5 月、8 月和 11 月。海洋沉积环境监测频率为每年 1 次，考虑到数据的延续性监测时段夏季为宜。

5.5.2　实施污染减排的绩效考核

5.5.2.1　建立绩效考核指标体系

要根据天津海域污染物特点和总量控制实施情况，合理设计绩效评估指标。指标包括

海水环境状况、管理措施、公众参与三类指标体系（图5-6）。

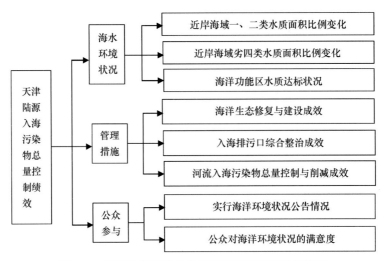

图5-6　陆源入海污染物总量控制绩效评估指标体系

5.5.2.2　综合评估污染总量控制绩效

开展天津市陆源入海污染物总量控制绩效综合评估，评估方法如下：

第一步，按表5-7的评价标准及评分依据，给指标层中各项指标（b_{ij}）进行打分，乘以相应的权重（w_{ij}），得到各个指标的最后得分；

第二步，将各个准则层中对应的指标层得分求和得到准则层的分值（B_i），乘以相应的权重（w_i），得到各个准则层的最后得分；

第三步，将准则层得分相加求得目标层的最后得分。计算公式如式（5-2）所示。

$$B = \sum_{i=1}^{n} B_i w_i = \sum_{i=1}^{n} \sum_{j=1}^{m} b_{ij} w_{ij} \tag{5-2}$$

式中，B 为目标层分值；B_i 为准则层分值；w_i 为准则层权重；b_{ij} 为指标层分值；w_{ij} 为指标层权重。

将目标层的分值划分为不合格（分值<60）、合格（60≤分值<80）、良（80≤分值<90）、优（90≤分值≤100）4个等级，进而对总量控制成效进行评价。天津市陆源入海污染物总量控制绩效评估结果，能够全面系统地把握天津海域水环境存在的问题，并有助于清晰地认识总量控制过程中的薄弱环节，从而有针对性地继续开展污染物总量控制工作，实现陆源入海污染物总量持续减排，海水水质持续改善。

表 5-7　陆源入海污染物总量控制绩效评估指标权重

目标层	准则层	权重（w_i）	指标层	权重（w_{ij}）	评价标准及评分依据
天津陆源入海污染物总量控制绩效（B）	海水环境状况（B_1）	0.30	近岸海域一、二类水质面积比例变化（b_{11}）	0.27	依据《海水水质标准》（GB 3097—1997）和《海水质量状况评价技术规程》（试行）对天津近岸海域水质状况进行评价 ①近期（至 2020 年）：一、二类水质面积占比达到 8%以上的为 100 分；一、二类水质面积比为 6%～7%的为 80～99 分；一、二类水质面积比为 4%～5%的为 60～79 分；一、二类水质面积占比为 2%～3%的为 40～59 分；一、二类水质面积占比为 1%～2%的为 20～39 分；一、二类水质面积占比不足 1%的为 0～19 分 ②中期（至 2030 年）：一、二类水质面积恢复至 30%以上的为 100 分；一、二类水质面积为 25%～29%的为 80～99 分；一、二类水质面积为 20%～24%的为 60～79 分；一、二类水质面积为 15%～19%的为 40～59 分；一、二类水质面积为 10%～14%的为 20～39 分；一、二类水质面积占比不足 10%的为 0～19 分 ③远期（至 2050 年）：一、二类水质面积恢复至 88%以上的为 100 分；一、二类水质面积为 81%～87%的为 80～99 分；一、二类水质面积为 74%～80%的为 60～79 分；一、二类水质面积为 67%～73%的为 40～59 分；一、二类水质面积为 60%～66%的为 20～39 分；一、二类水质面积占比不足 60%的为 0～19 分
			近岸海域劣四类水质面积比例变化（b_{12}）	0.40	依据《海水水质标准》（GB 3097—1997）和《海水质量状况评价技术规程》（试行）对天津近岸海域水质状况进行评价 ①近期（至 2020 年）：劣四类水质面积占比控制在 30%以下的为 100 分；劣四类水质面积占比为 31%～35%的为 80～99 分；劣四类水质面积占比为 36%～40%的为 60～79 分；劣四类水质面积占比为 41%～45%的为 40～59 分；劣四类水质面积占比为 46%～50%的为 20～39 分；劣四类水质面积占比为 50%以上的为 0～19 分 ②中期（至 2030 年）：劣四类水质面积占比下降至 15%以内的为 100 分；劣四类水质面积占比为 16%～20%的为 80～99 分；劣四类水质面积占比为 21%～25%的为 60～79 分；劣四类水质面积占比为 26%～30%的为 40～59 分；劣四类水质面积占比为 31%～35%的为 20～39 分；劣四类水质面积占比为 36%以上的为 0～19 分 ③远期（至 2050 年）：无劣四类水质则为 100 分；劣四类水质面积占比为 1%～5%的为 80～99 分；劣四类水质面积占比为 6%～10%的为 60～79 分；劣四类水质面积占比为 11%～15%的为 40～59 分；劣四类水质面积占比为 16%～20%的为 20～39 分；劣四类水质面积占比为 21%以上的为 0～19 分

目标层	准则层	权重 (w_i)	指标层	权重 (w_{ij})	评价标准及评分依据
天津陆源入海污染物总量控制绩效（B）	海水环境状况（B_1）	0.30	海洋功能区水质达标状况（b_{13}）	0.33	《天津市海洋功能区划（2011—2020年）》水质要求：渔业基础设施区、养殖区、增殖区执行不劣于二类海水水质标准，渔港区执行不劣于现状的海水水质标准，捕捞区执行不劣于一类海水水质标准；港口区执行不劣于四类海水水质标准，航道区和锚地区执行不劣于现状海水水质标准；工业与城镇用海区执行不劣于三类海水水质标准；旅游休闲娱乐区执行不劣于二类海水水质标准；海洋特别保护区执行使用功能环境质量要求；保留区执行不劣于现状海水水质标准 功能区内水质满足《天津市海洋功能区划（2011—2020年）》要求的为100分；水质为劣四类的为0分；其他未达到功能区水质要求的视具体情况进行打分，低于一个等级的为75分，低于两个等级的为50分，低于三个等级的为25分。最后，将各个功能区的得分相加取平均值
	管理措施（B_2）	0.58	湿地恢复与建设（b_{21}）	0.14	依据《天津市海洋生态保护与建设方案》给出的适宜湿地恢复与建设的总面积进行评价 北塘入海口、海河入海口、独流减河入海口开展湿地修复的总面积达到35.7 km² 以上的为100分；总面积为28.5～35.6 km² 的为80～99分；总面积为21.3～28.4 km² 的为60～79分；总面积为14.1～21.2 km² 的为40～59分；总面积为6.9～14.0 km² 的为20～39分；总面积不足6.9 km² 的为0～19分
			人工鱼礁建设（b_{22}）	0.14	依据《天津市海洋生态保护与建设方案》给出的适宜人工鱼礁建设的面积进行评价 到2020年，人工鱼礁布设面积达到4 km² 以上的为100分；面积为3.2～3.9 km² 的为80～99分；面积为2.4～3.1 km² 的为60～79分；面积为1.6～2.3 km² 的为40～59分；面积为0.8～1.5 km² 的为20～39分；面积不足0.8 km² 的为0～19分
			岸线整治与恢复（b_{23}）	0.10	依据《天津市海洋生态保护与建设方案》给出的适宜整治与恢复的岸线长度进行评价 高沙岭旅游休闲娱乐区内较适宜恢复的岸线长度达到2.6 km 以上的为100分；长度为2.1～2.5 km 的为80～99分；长度为1.6～2.0 km 的为60～79分；长度为1.1～1.5 km 的为40～59分；长度为0.6～1.0 km 的为20～39分；长度不足0.6 km 的为0～19分

目标层	准则层	权重(w_i)	指标层	权重(w_{ij})	评价标准及评分依据
天津陆源入海污染物总量控制绩效（B）	管理措施（B_2）	0.58	入海排污口空间布局调整与优化（b_{24}）	0.15	依据《天津市入海排污口综合整治方案》和《天津市入海排污口空间布局优化方案建议》对排污口的空间布局调整与优化进行评价 对未满足海洋功能区划要求的 8 个入海排污口均进行空间布局调整与优化的为 100 分；调整了 6~7 个的为 80~99 分；调整了 4~5 个的为 60~79 分；调整了 2~3 个的为 40~59 分；调整了 1 个的为 20~39 分；均未调整的为 0 分
			入海排污口达标排放（b_{25}）	0.16	依据《天津市入海排污口综合整治方案》和《天津市入海直排口邻近海域水动力状况及排污布局优化建议》对排污口达标排放情况进行评价 9 个入海排污口均达标排放的为 100 分；7~8 个达标排放的为 80~90 分；5~6 个达标排放的为 60~70 分；3~4 个达标排放的为 40~50 分；1~2 个达标排放的为 20~30 分；9 个均超标排放的为 0~10 分
			河流中总氮入海断面达标排放（b_{26}）	0.10	依据《天津市入境和入海河流水环境功能区划》、《天津市入海污染负荷总量调查评估报告》对河流中总氮入海断面达标排放情况进行评价 8 条主要入海河流总氮均达标排放的为 100 分；7 条达标排放的为 80 分；6 条达标排放的为 60 分；5 条达标排放的为 40 分；4 条及以下达标排放的为 0~20 分
			河流中总磷入海断面达标排放（b_{27}）	0.06	依据《天津市入境和入海河流水环境功能区划》、《天津市入海污染负荷总量调查评估报告》对河流中总磷入海断面达标排放进行评价 8 条主要入海河流总磷均达标排放的为 100 分；7 条达标排放的为 80 分；6 条及以下达标排放的为 0~60 分
			河流中总氮入海量（b_{28}）	0.09	依据《天津市入境和入海河流水环境功能区划》、《天津市入海污染负荷总量调查评估报告》对河流中总氮入海量进行评价 小于 3 395 t/年的为 100 分；3 396~5 331 t/年的为 80~99 分；5 332~7 267 t/年的为 60~79 分；7 268~9 203 t/年的为 40~59 分；9 204~11 139 t/年的为 20~39 分；超过 11 139 t/年的为 0~19 分
			河流中总磷入海量（b_{29}）	0.06	依据《天津市入境和入海河流水环境功能区划》、《天津市入海污染负荷总量调查评估报告》对河流中总磷入海量进行评价 小于 502 t/年的为 100 分；503~546 t/年的为 80~99 分；547~590 t/年的为 60~79 分；591~634 t/年的为 40~59 分；635~678 t/年的为 20~39 分；超过 678 t/年的为 0~19 分

目标层	准则层	权重（w_i）	指标层	权重（w_{ij}）	评价标准及评分依据
天津陆源入海污染物总量控制绩效（B）	公众参与（B_3）	0.12	实行海洋环境状况公告情况（b_{31}）	0.50	通过电视媒体、网站和公报等均能获得近年来天津海域环境状况相关信息的为 100 分；只能通过电视媒体、网站和公报之一获得近年来天津海域环境状况相关信息的为 60 分；通过任何方式都无法获得相关信息的为 0 分
			公众对海洋环境状况的满意度（b_{32}）	0.50	依据问卷调查等形式，公众对目前天津海洋环境状况满意的为 100 分；基本满意的为 60 分；不满意的为 0 分

参考文献

［1］ 国家海洋局生态环保司. 海水质量评价技术规程（试行）. 2015.

［2］ 国务院. 全国海洋功能区划（2011—2020）. 2012.

［3］ GB 3097—1997, 海水水质标准.

［4］ 李冕, 赵辉, 鲍晨光, 等. 改进的 IDW 插值模型在海水水质评价中的应用 ［J］. 海洋环境科学, 2014, 33（2）: 258-261.

［5］ Webb B W, Phillips J M, Walling D E, et al. Load estimation methodologies for British rivers and their relevance to the LOIS RACS（R）programme. Science of the Total Environment, 1997, 194（96）: 379-389.

［6］ 蔡明, 李怀恩, 庄咏涛, 等. 改进的输出系数法在流域非点源污染负荷估算中的应用 ［J］. 水利学报, 2004,（7）: 40-45.

［7］ 赖斯芸, 杜鹏飞, 陈吉宁. 基于单元分析的非点源污染调查评估方法 ［J］. 清华大学学报: 自然科学版, 2004, 44（9）: 1184-1187.

［8］ 金婧靓, 王飞儿. SWAT 模型及其应用与改进的研究进展 ［J］. 东北林业大学学报, 2010, 38（12）: 111-114.

［9］ 薛亦峰, 王晓燕. HSPF 模型及其在非点源污染研究中的应用 ［J］. 首都师范大学学报: 自然科学版, 2009, 30（3）: 61-65.

［10］ Venohr M, Hirt U, Hofmann J, et al. The model system MONERIS version 2.14.1vba manual, 2009. Berlin: Leibniz Institute of Freshwater Ecology and Inland Fisheries.

［11］ 解莹, 李叙勇, 王慧亮, 等. SPARROW 模型研究及应用进展 ［J］. 水文, 2012, 32（1）: 50-54.

［12］ 国务院第一次全国污染源普查领导小组办公室. 第一次全国污染源普查城镇生活源产排污系数手册 ［Z］. 2008.

［13］ 国务院第一次全国污染源普查领导小组办公室. 第一次全国污染源普查畜禽养殖业源产排污系数手册 ［Z］. 2009.

［14］ 朱明. 农村生活污染源的调查与数据分析 ［J］. 污染防治技术, 2008,（2）: 47-49.

［15］ 王洋, 曾强, 刘洪亮, 等. 天津市农村地区垃圾与污水现状调查与对策研究 ［J］. 现代预防医学, 2008, 35（19）: 3687-3689.

［16］ 冯庆, 王晓燕, 王连荣. 水源保护区农村生活污染排放特征研究 ［J］. 安徽农业科学, 2009, 37（24）: 11681-11685.

[17] 刘永德, 何品晶, 邵立明, 等. 太湖流域农村生活垃圾产生特征及其影响因素 [J]. 农业环境科学学报, 2005, 24 (3): 533-537.

[18] 刘永德, 何品晶, 邵立明. 太湖流域农村生活垃圾面源污染贡献值估算 [J]. 农业环境科学学报, 2008, 27 (4): 1442-1445.

[19] 万寅婧, 王文林, 唐晓燕, 等. 太湖流域农村生活垃圾产排污系数测算研究 [J]. 农业环境科学学报, 2012, (10): 2046-2052.

[20] 高祥照. 化肥实用手册 [M]. 北京: 中国农业出版社, 2002.

[21] 许振成, 王俊能, 庄晓诚, 等. 人体粪尿氮排放及模型研究 [J]. 安徽农业科学, 2009, 37 (33): 16510-16512.

[22] 国务院第一次全国污染源普查领导小组办公室. 第一次全国污染源普查水产养殖业污染源产排污系数手册 [Z]. 2009.

[23] 天津市统计局. 天津统计年鉴 [M]. 北京: 中国统计出版社, 2014.

[24] 张景书, 梁伟鹏, 万云兵, 等. 南海区畜禽养殖污染现状及防治对策 [J]. 环境科学与技术, 2006, 29 (1): 108-110.

[25] 黄亚丽, 张丽, 朱昌雄. 山东省南四湖流域农业面源污染状况分析 [J]. 环境科学研究, 2012, (11): 1243-1249.

[26] 於方, 王金南, 曹东, 等. 中国环境经济核算技术指南 [M]. 北京: 中国环境科学出版社, 2009.

[27] 污染调查化肥流失手册.

[28] 朱梅. 海河流域农业非点源污染负荷估算与评价研究 [D]. 中国农业科学院, 2011.

[29] Kronvang B, Hezlar J, Boers P, et al. Nutrient Retention Handbook. Software Manual for EUROHARP-NUTRET and Scientific review on nutrient retention, EUROHARP report 9-2004, NIVA report SNO 4878/2004, Oslo, Norway, 103 pp.

[30] Venohr M, Donohue I, Fogelberg S, et al. Nitrogen retention in a river system and the effects of river morphology and lakes [J]. Water Science & Technology, 2005, 31 (3-4): 19-29.

[31] Song Y, Haidvogel D. A semi-implicit ocean circulation model using a generalized topography-following coordinate system [J]. Journal of Computational Physics, 1994, 115 (1): 228-244.

[32] Moore A M, Arango H G, Broquet G, et al. The Regional Ocean Modeling System (ROMS) 4-dimensional variational data assimilation systems: Part I - System overview and formulation [J]. Progress in Oceanography, 2011, 91 (1): 34-49.

[33] Moore A M, Arango H G, Broquet G, et al. The Regional Ocean Modeling System (ROMS) 4-dimensional variational data assimilation systems: Part II - Performance and application to the California Current System, Progress in Oceanography [J]. Pacific Asia Journal of the Association for Information Systems, 2011, 91 (1): 50-73.

[34] Moore A M, Arango H G, Broquet G, et al. The Regional Ocean Modeling System (ROMS) 4-dimen-

sional variational data assimilation systems: Part III – Observation impact and observation sensitivity in the California Current System [J]. Pacific Asia Journal of the Association for Information Systems, 2011, 91 (1): 74-94.

[35] 张存智, 夏进. 大连湾污染排放总量控制研究: 海湾纳污能力计算模型 [J]. 海洋环境科学, 1998, (3): 1-5.

[36] Hunter J R, Craig P D, Philips H E. On the use of random walk models with spatially variable diffusivity [J]. Journal of Computational Physics, 1993, 106: 366-376.

[37] Visser A W. Using random walk models to simulate the vertical distribution of particles in a turbulent water column [J]. Marine Ecology-Progress, 1997, 158: 275-281.

[38] 李冕, 兰冬东, 梁斌, 等. 渤海无机氮水质稳定性预测. 海洋环境科学, 2015, 34 (2): 161-165.

[39] Department of ecology state of Washington. http://www.ecy.wa.gov

[40] 格里菲斯. 欧盟水框架指令手册. 北京: 水利水电出版社, 2008.

[41] The Strategic Action Plan for the Rehabilitation and Protection of the Black Sea (Signed on October 31, 1996 (commemorated as the Black Sea Day)

[42] Ecosystem Health Monitoring Program. http://www.ehmp.org/EHMPHome.aspx

[43] National Coastal Condition Report IV. United States Environmental Protection Agency Office of Research and Development/Office of Water Washington, DC 20460. EPA-842-R-10-003April 2012http://www.epa.gov/nccr

[44] Tomás B, Ramos Sandra Caeiro, João Joanaz de Melo. Environmental indicator frameworks to design and assess environmental monitoring programs. Impact Assessment and Project Appraisal, 2004, 22 (1): 47-62.

[45] Twomey L J, Piehler M F, Paerl H W. Prioeity parameters for monitoring of fresh and marine system, and their measurment. Enviornmental Monitoring. Vol I.

[46] 关于全球联合海洋台站网海洋污染观测试验计划的实施方案简介. 海洋通报, 1975, 11: 1-2.

[47] 宋乾武, 代晋国. 水环境优先控制污染物及应急工程技术. 北京: 中国建筑工业出版社, 2012.

[48] Stress control pollutants in water environment. U.S. Environmental Protection Agency.

[49] CERCLA Priority List of Hazardous Substances. Comprehensive Environmental Response, Compensation, and liability Act. 2005. http://www.atsdr.cdc.gov/cercla/05list.html

[50] Michael J, Barcelona H, Allen Wehrmann, et al. Sampling Frequency for Ground-Water Quality Monitoring. EPAl600/S4-89/032 Sept, 1989.

[51] EPA. Guidance for the Data Quality Objectives Process. 2000. (EPA/600/R-96/055)

[52] Lettermaier D P. Detection of trends in water quality data from records with dependent observations. Water Resources Research, 1976, 12 (5): 1037-1046.

[53] 邓英春. 水质常规监测采样频率确定方法研究. 水资源保护, 2005, 21 (4): 37-41.

[54] 陈明, 程声通. 常规水质监测系统采样频率优化设置方法研究. 环境科学, 1988, 10 (3): 58-64.

［55］ 许妍, 等. 天津市滨海新区芦苇湿地恢复适宜性评价. 海洋科学, 2016, 40 (3)：101-107.

［56］ 马明辉, 关春江, 冯金祥, 等. 环渤海湿地芦苇对 TC、TN、TP 吸收通量的研究 ［J］. 海洋环境科学, 2012, 31 (3)：375-378.

［57］ 许妍, 等. 天津市近海海域人工鱼礁选址适宜性评价. 海洋环境科学, 2016, 6 (35)：846-852.

［58］ BMP Verification Committee (CBP WQGIT BMP Verification Committee). 2013. Strengthening Verification of Best Management Practices Implemented in the Chesapeake Bay Watershed：A Basinwide Framework. July 15, 2013. Chesapeake Bay Program Partnership.

http：//www. chesapeakebay. net/channel_ files/20847/cbp_ verification_ document_ 7-15-2013_ review_ draft_ full. pdf